松花花椰菜（黄聪丽提供）

橙色花椰菜（黄聪丽提供）

厦门 3 号（黄聪丽提供）

厦花杂交4号（黄聪丽提供）

厦门农业科学研究推广中心新育品种（黄聪丽提供）

花椰菜穴盘育苗

花椰菜设施栽培
（黄聪丽提供）

花椰菜大棚制种
（黄聪丽提供）

花椰菜杂交制种
（黄聪丽提供）

花椰菜大田生长情况

花椰菜传统育苗
（黄聪丽提供）

花椰菜黑腐病症状
（黄聪丽提供）

建设新农村农产品标准化生产丛书

花椰菜标准化生产技术

主　编
韩玉珠
编著者
吴春燕　黄聪丽
姚晶华　王立威

金盾出版社

内 容 提 要

标准化生产是花椰菜产品质量安全的技术保证，是花椰菜产业可持续发展和菜农增产增收的必由之路。本书从品种选用和种子生产、产地环境和设施栽培环境、育苗技术、栽培管理技术、病虫草害防治以及产品质量标准等方面系统介绍了花椰菜标准化生产技术。内容丰富，技术先进，可操作性强，适合广大菜农、基层农业技术人员和农业院校有关专业师生阅读。

图书在版编目(CIP)数据

花椰菜标准化生产技术/韩玉珠主编；吴春燕等编著．—北京：金盾出版社，2009.1
(建设新农村农产品标准化生产丛书)
ISBN 978-7-5082-5448-7

Ⅰ．花…　Ⅱ．韩…　Ⅲ．花椰菜—蔬菜园艺—标准化　Ⅳ．S635.3

中国版本图书馆 CIP 数据核字(2008)第 175358 号

金盾出版社出版、总发行
北京太平路 5 号(地铁万寿路站往南)
邮政编码：100036　电话：68214039　83219215
传真：68276683　网址：www.jdcbs.cn
封面印刷：北京印刷一厂
彩页正文印刷：北京天宇星印刷厂
装订：北京天宇星印刷厂
各地新华书店经销

开本：787×1092 1/32　印张：4.25　彩页：4　字数：85 千字
2009 年 1 月第 1 版第 1 次印刷
印数：1～10000 册　定价：8.00 元

序　言

随着改革开放的不断深入，我国的农业生产和农村经济得到了迅速发展。农产品的不断丰富，不仅保障了人民生活水平持续提高对农产品的需求，也为农产品的出口创汇创造了条件。然而，在我国农业生产的发展进程中，亦未能避开一些发达国家曾经走过的弯路，即在农产品数量持续增长的同时，农产品的质量和安全相对被忽略，使之成为制约农业生产持续发展的突出问题。因此，必须建立农产品标准化体系，并通过示范加以推广。

农产品标准化体系的建立、示范、推广和实施，是农业结构战略性调整的一项基础工作。实施农产品标准化生产，是农产品质量与安全的技术保证，是节约农业资源、减少农业资源污染的有效途径，是品牌农业和农业产业化发展的必然要求，也是农产品国际贸易和农业国际技术合作的基础。因此，也是我国农业可持续发展和农民增产增收的必由之路。

为了配合农产品标准化体系的建立和推广，促进社会主义新农村建设的健康发展，金盾出版社邀请农业生产和农业科技战线上的众多专家、学者，组编出版了《建设新农村农产品标准化生产丛书》。"丛书"技术涵盖面广，涉及粮、棉、油、肉、奶、蛋、果品、蔬菜、食用菌等农产品的标准化生产技术；内容表述深入浅出，语言通俗易懂，以便于广大农民也能阅读和使用；在编排上把农产品标准化生产与社会主义新农村建设巧妙地结合起来，以利农产品标准化生产技术在广大农村和广大农民群众中生根、开花、结果。

我相信该套"丛书"的出版发行，必将对农产品标准化生产技术的推广和社会主义新农村建设的健康发展发挥积极的指导作用。

王连铮

2006 年 9 月 25 日

注：王连铮教授是我国著名农业专家，曾任农业部常务副部长、中国农业科学院院长、中国科学技术协会副主席、中国农学会副会长、中国作物学会理事长等职。

目　录

第一章　花椰菜标准化生产概述

一、花椰菜标准化生产的概念

农业标准化是由标准化概念按行业分类衍生而来的。因此，要准确表达这一概念，首先要理解标准化的概念。标准化学科包括两个最基本的概念，即标准和标准化。

标准是指为在一定的范围内获得最佳秩序，对活动或其结果规定共同的和重复使用的规则、导则或特性的文件。该文件经协商一致制订，并经一个公认机构的批准。标准应以科学、技术和经验的综合成果为基础，以促进最佳社会效益为目的。标准是商品进入市场的钥匙，是消除贸易技术壁垒、实现商品的自由流通、提高竞争力的关键。标准化是指为在一定的范围内获得最佳秩序，对实际的或潜在的问题制订共同的重复的活动。它包括制订、发布和实施标准的过程。

简单地说，标准就是要求，即市场和消费者的要求，农业标准化就是按照标准生产农产品的全过程。在欧美和日本等发达国家，农业是以高度的标准化为基础生产的。农产品从新品种选育的区域试验和特性试验，到播种、收获、加工整理、包装上市，都有一套严格的标准。农民种植农作物，用什么品种、何时下种、何时施肥、施多少肥、何时采摘，都有严格的规定。上市出售的黄瓜，它的长短、粗细、弯曲程度都必须符合标准。在日本，所有农产品进入市场前，都要按一定标准进行严格筛选分级。鱼虾是以“条”为计量单位；梨、苹果多以“只”

为计量单位；大白菜、包菜以1棵、半棵标价。在市场上，见不到以重量单位计价销售的蔬菜、水果，等级外的农产品是不允许进入市场销售的，而只是作为加工原料。

农业标准化是农业现代化建设的一项重要内容，是“科技兴农”的载体和基础，是农业增长方式由粗放型向集约型转变的重要内容之一。它通过把先进的科学技术和成熟的经验组装成农业标准，推广应用到农业生产和经营活动中，把科技成果转化为现实的生产力，从而取得经济、社会和生态的最佳效益，达到高产、优质、高效的目的。它融先进的技术、经济、管理于一体，使农业发展科学化、系统化，有利于形成规模生产能力，提高“一优两高”农业的比重，对于发展农业经济有着重要的作用，是实现现阶段农业和农村经济结构战略性调整的一项十分重要的基础性工作。

农业标准化的目的是将农业的科技成果和多年的生产实践相结合，制订成“文字简明、通俗易懂、逻辑严谨、便于操作”的技术标准和管理标准向农民推广，最终生产出质优、量多的农产品供应市场，不但能使农民增收，而且能很好地保护生态环境。其内涵就是指农业生产经营活动要以市场为导向，建立健全规范化的工艺流程和衡量标准。

农业标准化是一项系统工程，这项工程的基础是农业标准体系、农业质量监测体系和农产品评价认证体系建设。三大体系中，标准体系是基础中的基础，只有建立健全涵盖农业生产的产前、产中、产后等各个环节的标准体系，农业生产经营才有章可循、有标可依；质量监测体系是保障，它为有效监督农业投入品和农产品质量提供科学的依据；农产品评价认证体系则是评价农产品状况、监督农业标准化进程、促进品牌、名牌战略实施的重要基础体系。农业标准化工程的核心工作是标准的实施和推广，是标准化基地的建设和蔓延，由点及面，逐步推进，最终实现生产的基地化和基地的标准化。同时，这项工程的实施还必须有完善的农业质量监督管理体系、健全的社会化服务体系、较高的产业化组织程度和高效的市场运作机制作保障。

因此，花椰菜标准化是以花椰菜为对象的标准化活动，即运用“统一、简化、协调、选优”原则，通过制订和实施标准，把花椰菜产前、产中、产后各个环节纳入标准生产和标准管理的轨道，促进先进的花椰菜科技成果和经验迅速推广，确保花椰菜产品的质量和安全，促进花椰菜产品的流通，规范花椰菜产品市场秩序，指导生产，引导消费，从而取得良好的经济、社会和生态效益，以提高花椰菜的市场竞争力。

二、花椰菜标准化生产的意义

第一，推行花椰菜标准化是加强花椰菜产品质量监管，保障消费安全的重要基础性工作。随着人民生活水平的不断提高，农产品质量、安全问题越来越被广大消费者所关心和重视，对农产品消费安全的呼声越来越高。但由于长期以来片面追求数量和分散、粗放的农产品生产经营方式，有些生产者使用违禁农药、不合理使用化肥，导致花椰菜产品有害物质残留问题比较突出，不仅威胁消费者的安全，而且破坏生态环境。解决这些问题的根本措施就是通过推行花椰菜标准化，不断提高农民科学合理用药、用肥的能力和自觉性，用标准规范花椰菜生产和加工行为。同时，标准化生产和加工技术的推广，也为花椰菜产品质量监管提供了标准支撑，使花椰菜产品质量安全监管主体明确、环节清晰、依据充分，提高了监管效能。

第二，推行花椰菜标准化是促进农业结构调整，增加农民收入的需要。农业标准化涉及农业产前、产中、产后多个环节，以食用安全和市场需求为目标制订农业标准，通过实施农业标准，综合运用新技术、新成果，普及推广新品种，在促进传统优势、产业升级的同时，促进农业生产结构向优质高效品种调整，实现农业资源的合理利用和农业生产要素的优化组合，促进农业素质的整体提高，为提高农业效益奠定了基础。农业标准化的实施将全面改善农产品品质、提高农产品内在和外观质量，成为品牌、名牌产品的质量保证，是实现优质优价、增加农民收入的基本保障。

第三，推行花椰菜标准化是应对技术性贸易壁垒，增强农产品市场竞争力的需要。近年来，一些发达国家实施以标准为基础的国际贸易发展战略，提高农产品市场准入门槛已成为制约我国农产品出口的主要障碍。我国加入世界贸易组织后，面对激烈的农产品市场竞争和日益严重的技术性贸易壁垒，要做好优势农产品能“打出去”、受冲击农产品能“守得住”两篇大文章，就必须加快推进农业标准化，下大力气增强我国农产品的国际竞争力，提高我国农产品贸易的技术保护水平。

第四，推行花椰菜标准化是农业科技成果转化为生产力的最佳桥梁。农业标准化是“科技兴农”的载体和基础。它通过把先进的科学技术和成熟的经验组装成农业标准，推广应用到农业生产和经营活动中，把科技成果转化为现实的生产力，从而取得经济、社会和生态的最佳效益，达到高产、优质、高效的目的。它融先进的技术、经济、管理于一体，使农业发展科学化、系统化。因此，实施农业标准化的过程就是推广农业新技术的过程，就是农民学技术、用技术的过程，是促进农业由粗放型向集约型、由数量型向数量质量并重型、由传统农业向现代农业转变的过程，是新阶段农技推广的重要手段。

第五，推行花椰菜标准化是一条推广科学技术、指导农业生产的新路子，它适应了新时期各级政府科学指导农业与农村经济发展的需要，促进政府职能进一步向服务市场农业的转变。农业标准化融先进的科学技术、管理于一体，以解决农产品质量安全、增加农民收入、促进农业产业升级为目标，推行农业标准化不仅是推进农业现代化的重要手段，也是农业战线与时俱进，开拓创新，贯彻落实党的十七大精神的具体行动，是实践“三个代表”思想的重要举措。

因此，推行花椰菜标准化是增强花椰菜产品国际竞争力和调节花椰菜产品进出口的重要手段。推进花椰菜标准化是农业和农村经济结构战略性调整的必然要求，是保障花椰菜产品质量和消费安全的基本前提，是促进花椰菜科技成果转化和推进花椰菜产业化经营的有效途径，是建设现代农业的现实选择。

三、花椰菜标准化生产的现状和对策

(一)花椰菜标准化生产的现状

19 世纪中期花椰菜由英国传入我国福建省，然后传入浙江省、上海市和广东省等，在我国东南沿海地区种植较多。由于其营养丰富、味道鲜美，近年来国内消费量和出口量逐年增加，使得我国的种植面积迅速扩大，根据联合国粮农组织(FAO)报道，2004 年我国花椰菜种植面积达到 35 万公顷，居世界首位。

花椰菜在我国各地均有栽培，目前的生产格局呈分散栽培与规模化生产基地栽培共存的形式，全国花椰菜栽培面积超过 2 000 公顷的种植基地有十几个，主要分布在海河流域、黄河流域、长江流域和东南沿海地区；甘肃、陕西、河北、辽宁、山东、河南、湖北、云南、安徽、浙江、上海、福建、广东等地是花椰菜的主栽地区。由于我国幅员辽阔、气候多样，花椰菜的栽培模式和收获时间差异很大，所以花椰菜的生产可以利用气候差异实现生产上的互补。其中，华北、东北和西北地区可以利用平原和高原寒冷气候实现从每年 4～11 月份花椰菜的连续生产；长江中下游地区可以在每年 10 月份至翌年 4 月份连续生产；云贵高原地区则可以利用多样性的小气候实现周年生产，但主要的生产季节在每年的 11 月份至翌年 4 月份，以昆明市周围栽培为主；广东省、福建省等东南沿海地区每年 11 月份至翌年 3 月份是花椰菜生产的最好季节。由于近年来我国高速公路网的迅猛发展，蔬菜运输快捷方便，花椰菜生产已经形成全国生产、全国调运、周年供应的格局，我国城乡居民一年四季都可以吃到优质的花椰菜。目前，我国每年生产花椰菜 600 多万吨，以内销为主、出口为辅。

我国花椰菜主要销往日本、马来西亚、新加坡、肯尼亚等国家和中东地区，出口量目前不大，还没有进入到主要出口蔬菜品种之列，但其出口附加值较高，国际市场需求量较大，出口数量正日益增多。因此，积极发展花椰菜的生产，对于增加出口品种，争创更多的外汇十分有必要。花椰菜主要以速冻、保鲜、脱水等形式销售。

近年来中国的花椰菜生产具有生产成本低、产品质量好的优势，产品具有特别显著的安全性和优质性。同时，经过十多年的发展还具有生产规模大、加工能力强、科技创新活跃、市场竞争力强的经济技术优势。中国的花椰菜产业符合农业经济全球化所要求的适地生产原则和现代农业区域化、专业化生产大潮流。但在分析基本现状的时候，我们也不能否认中国花椰菜产业还存在一些问题：一是产品质量整体水平参差不齐，优质率低，专用品种少。二是卫生安全状况较差，有害物质残留超标。三是管理制度不符合国际要求。四是生产技术人员队伍素质不高等。存在这些问题的根本原因是生产过程粗放、随意，集约化程度低，农业科技含量不高，没有标准和规范。因此大力推行花椰菜标准化生产，已成为当前以及今后一段时期花椰菜产业发展的重要任务。

花椰菜标准化工作是推进花椰菜产业化发展，加快农业现代化进程和促进农业可持续发展的不可缺少的重要手段和措施。20世纪90年代以来，虽在这方面积极开展工作，并在某些方面取得了显著的成绩，相继出台了一些标准，如：《花椰菜冷藏和冷藏运输指南》(GB/T 20372—2006)、《无公害花椰菜生产技术规程》(DB34/T 500—2005)、《蔬菜种子生产技术操作规程第三部分花椰菜 》(DB11/T 198.3—2003)、《蔬菜品种真实性和纯度田间检验规程第四部分花椰菜》(DB11/T 199.4—2003)、《速冻花椰菜》(SB/T 10161—1993)、《花椰菜》(NY/T 962—2006)、《花椰菜》(FFV—11)、《花椰菜冷藏技术》(SB/T 10285—1997)和《出口速冻花椰菜检验规程：花椰菜类》(SN/T 0626.2—1997)。

但是，从总体上看，面对农业结构战略性调整，农产品全球性竞争愈演愈烈的新形势，我国农业标准化工作显得十分不适应。例如，农业质量安全标准普遍低于国际的标准，使农产品的出口受到严重影响；农业标准体系不够健全，监测机构和法规体系不完善；监测手段落后，现代化装备水平低，缺乏客观、公正、科学的依据,从而导致农产品分级不严、质量不高、安全性较差、掺杂使假现象严重等问题。因此,这方面的工作任重道远。

(二)花椰菜标准化生产的对策

第一,紧紧围绕花椰菜产业化市场化发展的需要,积极开展花椰菜标准化工作。标准化是所有产业化市场化经营活动的基础工作,具有不可替代的作用。开展农业标准化,要以促进农业生产技术的指标化、规范化、系统化和科学化,从而促进农业产业化的发展为切入点。在具体实践中,要把农业标准化的实施与发展农业产业化有机地结合起来。农业标准化要在当地政府提出的产业化的发展规划中提出农业标准化的要求。要把农业标准化的规划和项目重点放在当地农业的支柱产业和主导产品上。各项技术标准、工作标准、管理标准的制订要有利于标准体系的完整性和配套性,更要注重先进技术的推广和农户便于操作。要把农业标准化渗透到农业产业化的全过程中去,从种子、种禽、种畜、苗木及生产过程的标准化抓起,逐步在产品加工、质量安全、贮藏保鲜和批发销售环节实施标准化管理,引导龙头企业建立标准化体系,不断提高产品的质量。

在社会主义市场经济的条件下,农产品的质量等级标准将成为市场准入的基本条件,对规范市场、打击假冒伪劣产品等不法行为,提高农产品的竞争力都具有积极的作用。随着生产技术和企业管理技术的不断提高,企业之间的竞争日趋激烈。当降低生产成本,提高生产效率的竞争发展到一定程度时,竞争的焦点开始由生产领域转向流通领域。一个比较完善的现代农产品批发市场、销售市场应具备推行农产品质量标准的功能。即对农产品按国家标准进行质量安全检验、分级和标准化的管理。通过实施农产品标准化使产品在销售、拍卖时,只需看产品规格、质量等级就可以交易。因此,实施农业标准化,要与规范购销行为和市场秩序结合起来,合理地调整农民、经销商和企业的利益,从而促进农业产业化的健康发展。

第二,突出花椰菜品牌的创建,充分发挥花椰菜标准化的作用。创建农业名牌是农业产业化的"牛鼻子",农业标准化和农业品牌是互为促进、密不可分的关系。农业标准化应围绕区域农业如何形成品牌,形成规模,增加产量,提高质量,创建名牌,扩大市场方面做文章。我国许多知名的农产品,因缺乏标准化的生产和加工,质量时好时坏,市场竞争力不强,形不成品牌优势。加强农业标准化工作,将有助于创建农产品的品牌。

随着农业和农村经济进入新的发展阶段,农产品安全问题已成为农业发展的主要矛盾之一。近些年来,农药、兽药、饲料添加剂、化肥、激素等的使用不断增加,在为我国农业生产发挥积极作用的同时也产生了农业污染日益突出的问题。农产品质量安全问题的存在不仅危害人们的生命健康、损害消费者的利益,而且也影响农产品的市场竞争力和出口,损害了我国的国际形象。当前应迅速建立重要农产品安全标准体系和监督检测体系。在两个体系建设的基础上,以重要农产品为突破口,实行从产地到加工、销售全过程的质量安全控制,使那些无信誉、产品质量安全不符合标准要求的产品无市场、无销路。农产品的质量与安全是创品牌农业乃至培育市场化农业的首要条件。

第三,建立相应的花椰菜标准化推广体系。农业标准化需要推广和实施，才能变成现实的效益和成果，建立标准化推广体系是农业标准化工作的重要环节。农业标准化推广体系至少应包括以下几个方面：一是宣传体系。采用多渠道、多形式的宣传手段，大力宣传标准化在农业中的作用，增强生产者、经营者和消费者的标准化意识。二是科技体系。在传授农业技术的同时，将标准寓于其中，使农民在掌握农业科学技术知识的同时掌握农业标准化的原理和方法。三是监督检查体系。对标准实施进行监督检查，建立必要的标准许可制度，对生产地或企业进行质量审查和标准审核，确保标准得以正确地贯彻执行。大力改善监督检测手段，研究开发快速检测方法，实现监督检测手段的现代化。四是标准化示范体系。积极开展农业标准化示范区工作，做到组织有效、行动有力、效果显著。根据各项技术标准、技术规程加强宣传培训，指导实际操作，引导农民按标准化组织生产；大力培育示范户，典型引路，以点带面扩大推广范围。五是标准化信息咨询服务体系。做好信息的收集工作，包括国内、国际技术标准，国际先进的检测方法等方面的变化情况，为及时调整质检工作提供依据。为农民和产业化企业以及社会及时提供国内、国际市场需求的技术标准方面的信息，传递农产品质量安全监督检查和检验检疫情况的信息，以及正确引导市场消费的信息，加强与有关部门的协作配合，扩大资源共享，提高工作水平。

第四，加强花椰菜标准化理论和技术的研究。为进一步完善有关农产品质量标准体系和标准化工作水平，当前主要是研究体现市场对农产品优质要求的质量等级划分的科学依据和方法；研究并确定农产品中有毒有害物质残留等涉及质量安全方面的限量标准及配套的检测分析方法；研究和开发适用于现场应用的快速检测技术和设备；研究农业标准化示范的理论与技术途径；研究世界各国农业标准体系，以及我国农业标准体系如何与国际接轨等内容和问题。积极开展农业标准化理论与方法的研究，对指导当前乃至今后开拓标准化工作的深度和广度都有着重要的意义。

随着我国农业由传统自然经济向现代市场经济的转化，农业生产从源头到最终产品，都需要以标准化为基础。农业标准化不仅是发展农业产业化的需要，也是现代化农业的一个重要特征，代表着现代农业发展的方向，成为现代农业的新概念。在我国，鉴于农业生产经营的小规模分散性、农民的素质不高等客观因素，使得农业标准化的发展必然有一个艰苦的过程。但是随着农业的市场化、产业化、集约化的不断推进，越来越多的人将认识到农业标准化的重要性和积极作用，而成为农业标准化的倡导者。特别是加入 WTO 后在国际化竞争的巨大压力下，各级政府将会更加深刻地认识到农业标准化是提高农产品国际竞争力的有力手段，从而积极加以宣传推广应用，这一进程将会不断加快。

第二章 花椰菜标准化生产的品种选用和种子生产

种子标准化生产是提高种子质量、防止良种退化的重要手段，是促进农业高产稳产的有效途径。实践证明，种子标准化生产对农业的高产稳产有重要的作用，其内容包括：一是品种标准化。每个优良品种都具有一定的遗传特性，即生物学特性和形态特征以及经济性状，而目前新品种日益增多。因此，对每个品种特征特性和栽培要点做出明确的叙述和技术规定是非常重要的，它对品种布局、种子生产、品种鉴定（检验）、田间管理（提纯除杂）等是可靠的依据。特征特性有时是随着环境条件的变化而有一定的变化，但其质量性状不应有较大的变化，所以品种标准是非常重要的。其具体内容大致有品种来源和类别、生产性能、植物学特征、经济性状、抗逆性以及栽培技术要点等。二是原（良）种生产技术规程。植物的遗传性和变异性是相对统一的，遗传是相对的，变异是绝对的。一个优良品种推广后，经几代种植就会出现退化变劣的现象，而生产上需要不断供应农作物优良品种的优良种子。因此，根据不同农作物对外界环境条件的不同要求和不同的繁殖系数等，制订出不同作物的原（良）种生产技术（操作）规程。只有符合规程所生产出的种子，质量才有保证。因此，这是克服农作物优良品种退化变劣，提高种子质量的有效措施。三是种子质量分级标准。种子质量标准化的最终目的是使生产上能获得优质种子，而种子质量分级标准是衡量种子优劣的依据。因此，它是种子标准化的最重要和最基本的内容。种子质量分级标准是种子管理部门用来衡量和考核原(良)种生产、良种提纯复壮、种子经营和贮藏工作的标准,又是贯彻按质论价执行优质优价政策的依据。种子质量分级标准是依据四项指标即纯度、净度、发芽率、水分指标(特殊作物另加病虫、杂草指标)制订的,不同作物、不同等级的具体指标不同。现已颁布中华人民共和国国家标准。四是种子检验规程。种子质量的好坏,也就是是否符合规定的标准,必须通过质量检验才能得出结论。而种子检验的结果与检验方法关系极为密切,不同的检验方法其结果往往不同,这就影响结果的正确性,要获得普遍一致的正确结果,急需制订一个统一的、科学的种子检验方法——技术规程。现已颁布了中华人民共和国国家标准。五是种子包装、运输、贮藏标准。种子在交换过程中,需要包装、运输和贮藏。同时,种子收获后到播种前,也必须有一个贮藏阶段,在这一阶段中也需要包装和运输。因此,在包装、运输和贮藏过程中往往由于某一方面的疏忽而降低种子质量或失去种用价值,所以制订种子包装、运输和贮藏标准是保证种子质量的重要环节。农业部已于1982年8月颁布"农作物种子仓贮管理暂行办法"。

通过种子标准化工作的开展,可使种子混杂退化和质量下降的问题从根本上得到解决,从而使种子工作达到一个新的水平。

一、花椰菜标准化生产的品种选用

(一)花椰菜的品种类型

花椰菜分类方式多种多样,按照地名划分,可分为福建菜花、广东菜花、法国菜花、荷兰菜花等;按照花色划分,可分为白菜花、紫菜花等,普通花椰菜的花球雪白,少数花椰菜的花球紫红色,近年来欧美国家已培育出花球为黄绿色的花椰菜;按照栽培季节,可分为秋花椰菜和春花椰菜;按照生育期长短及花球发育对温度的要求划分,可分为早熟种、中熟种、晚熟种和四季种 4 种类型。各类型品种花球发育要求的温度不同,适宜栽培的季节也有差异。目前生产上一般以生育期长短分类。

1. 早熟种 自定植至初收花球在 70 天以内。植株较小,叶片细长,叶色较浅,外叶较少,15～20 片。结出的花球较小,紧实度较差,一般株高 40～50 厘米,开展度 50～60 厘米,花球扁圆,单花球重 0.25～0.5 千克。植株较耐热,但冬性弱,对低温较敏感,抗逆性较差。属于早熟种的优良品种主要有以下几种。

(1)米兰诺(荷兰春早) 中国农业科学院蔬菜花卉研究所 1982 年从荷兰引入,经过多代试种选择,已大面积推广。植株较小,花球高圆形,花球紧密不易散球,单花球重 0.4～0.7 千克,每 667 平方米产 1 500～2 000 千克。适于华北、东北、西北等地春季栽培,适于四川省、福建省等地秋季栽培。

(2)耶尔福 中国农业科学院蔬菜花卉研究所 1972 年从北也门引进,经过多代选留后大面积推广种植。植株生长势较强,花球平球形,花球色洁白,品质较好,每 667 平方米产 2 000～3 000 千克。适于华北、西北地区和山东省、河南省、内蒙古自治区等地春季栽培。

(3)法国菜花 中国农业科学院蔬菜花卉研究所 20 世纪 60 年代从法国引入,经过试种选择,在国内大面积推广应用。植株生长势强,较直立,花球洁白、紧密,质地柔嫩,品质好,每

667 平方米产 1 500～2 000 千克。适于华北、东北、西北地区及华东部分地区春季栽培，在四川秋、冬季可以栽培。

(4)瑞士雪球　中国农业科学院蔬菜花卉研究所 20 世纪 50 年代从尼泊尔引入，经过试种选择，已大面积推广，成为我国春花椰菜主栽品种之一。植株较直立，单花球重0.5～1.5 千克，花球洁白、紧密，质地柔嫩，品质好。每 667 平方米产 1 500 千克左右。适于华北、东北、西北地区以及山东省、四川省等地栽培。

(5)荷兰雪球　由荷兰引进的常规品种。植株高大，生长势强，单花球重 0.65～0.9 千克，花球洁白紧实，质地柔嫩，品质好。适于华北、东北、西北地区及华东部分地区秋季栽培。

(6)白峰　天津市农业科学院蔬菜研究所用早花 6 号与白秋的两个自交不亲和系繁育的杂种一代。株型紧凑，花球高约 9 厘米，单花球重 0.7～0.75 千克，花球紧密，洁白柔嫩。每 667 平方米产 1 800 千克左右。适于华北、东北等地栽培。

(7)中花 45 天　中国农业科学院蔬菜花卉研究所育成的秋早熟花椰菜杂种一代。单花球重 0.6～0.8 千克，耐高温高湿，适于全国各地夏、秋季栽培，抗病性和抗逆性较强，每 667 平方米产 2 000 千克左右。

(8)荷兰 48 号　甘肃省兰州市农牧局 1979 年从荷兰引进的常规品种，单花球重 2～2.5 千克，成熟期较一致，适于春种。每 667 平方米产 2 250～2 500 千克。耐瘠薄，抗盐碱，较抗病，适应性强。适于兰州市及西北地区栽培。

(9)申花 1 号　原名“早熟 23”，由上海市川沙县严桥乡从荷兰雪球花椰菜中经系统选育而成。单花球重 0.5～0.7 千克，花球紧实，不易散球，适于秋种，每 667 平方米产 1 000～1 400 千克。耐旱性与耐涝性均较强，较抗霜霉病。

适于上海市及长江流域地区栽培。

(10)洁丰70天　由浙江省温州市南方花椰菜研究所采用系统选育而成。单花球重1.2～1.7千克，花球紧密，粒细，无茸毛，鲜嫩略甜。适于秋种，每667平方米产1 200～1 500千克。耐热、抗病、适应性广，适于长江流域及广东、云南、江西、吉林、北京等省、直辖市栽培。

2. 中熟种　自定植至初收花球在70～80天。植株中等大小，外叶较多，20～30片。一般株高60～70厘米，开展度70～80厘米，花球较大，紧实肥厚，近半圆形，单花球重0.5～1千克。植株较耐热，冬性较强，品质好，产量高，抗逆性较强。要求一定低温才能发育花球。属于中熟种的优良品种主要有以下几种。

(1)日本雪山　中国种子公司20世纪80年代中期从日本引进的杂种一代，经试种已在全国大面积推广。植株生长势强，花球高圆形，单花球重1～1.5千克，适于春、秋季种，每667平方米产2 000～2 500千克。耐热、抗病性中等，对温度要求不严格。适于全国大部分地区栽培。

(2)厦花80天　福建省厦门市农业科学研究所从地方品种"田边80天"的变异单株中系统选育而成。花球半圆至高圆形，适于秋种，每667平方米产量约2 000千克。苗期喜高温，抗黑腐病和霜霉病，耐寒力中等。适于福建省及除新疆、青海、西藏以外的其他地区栽培。

(3)杂交5号　由陕西省西安市农业科学研究所育成。花球扁圆形，单花球重1.5千克，适于春、秋季种。每667平方米产1 250～1 500千克。比较耐热和耐寒。适于在陕西省、江苏省等地栽培。

(4)温州80天　浙江省温州市的优良地方品种。单花球重2～2.5千克，适于秋种，每667平方米产2 000～3 000千克。比较耐热、耐肥，抗病性强，适应性较广。适于长江中下游及华北等地区栽培。

(5)申花6号　上海市川沙县严桥乡与川沙县蔬菜技术推广站合作选育的杂种一代。花球近高圆形，单花球重约0.95千克，适于秋种，每667平方米产1 000～1 200千克。抗逆性较强。适于上海市及长江中下游地区栽培。

(6)盘龙花菜　云南省蒙自县的优良地方品种，栽培历史悠久。花球高圆形，单花球重1.2千克左右，每667平方米产2 400千克左右。抗病、抗旱、产量高。适于云南省蒙自县及其邻近地区栽培。

3. 晚熟种　自定植至初收花球在100天以上，生长期长。植株高大，叶簇大，叶片宽大，叶缘波状皱褶，心叶内抱，外叶多，30～40片。一般株高60～70厘米，开展度80～90厘米，花球大而紧实，肥厚，花球自然遮盖好，近半圆形，单花球重1～1.5千克，产量高。植株耐寒，喜冷凉，耐热性较差，植株需要经过10℃以下低温才能发育花球。属于晚熟种的优良品种主要有以下几种。

(1)成都二花　四川省成都市郊区的地方品种。单花球重1.2～1.5千克，每667平方米产量约2 000千克。抗逆性较强。适于成都市及周边地区栽培。

(2)申花3号(杂交100天)　上海市川沙县严桥乡于1981年用晚熟品种“早慢种”与自选品种“早熟23”杂交育成的杂交种。单花球重1.5～2千克，每667平方米产1 500～1 750千克。较耐涝，耐黑腐病和霜霉病，抗寒性中等。适于熟食和速冻加工。

(3)福州100天　福建省福州市的地方品种。每667平方米产 1 250～1 500 千克。

(4)黎春 100 天　河南省郑州市老鸦陈乡南阳良种场与郑州市蔬菜办公室合作,从乌叶 100 天杂交后代中系统选育而成的常规品种。单花球重 1～2 千克,每 667 平方米栽 2 000 株左右。较抗黑腐病和霜霉病。

(5)旱慢种　上海市的地方品种,由无锡市蔬菜种子公司选纯保优,单花球重 1.25～1.5 千克。每 667 平方米产 1 500～2 500 千克。抗寒力较强,幼苗抗热能力强,抗黑腐病,耐涝性中等。适于上海市及江浙地区栽培。

(6)120 天花菜　福建省福州市的地方品种。单花球重约 1 千克,每 667 平方米产 1 500～1 800 千克。耐寒性较强,品质好。

(7)巨丰 130 天　浙江省温州市南方花椰菜研究所选育的常规品种。单花球重 4～5 千克。每 667 平方米产 4 000～5 000 千克。耐寒性强,能短时间耐受－3℃～－4℃低温,其结球适温为 5℃～7℃。对肥水条件要求较高。适于浙江、江苏、上海、安徽、广东、广西、江西等地栽培。

(8)申花 5 号　上海市川沙县蔬菜技术推广站与川沙县洋泾乡合作选育的杂种一代。单花球重 1.5 千克左右,每 667 平方米产 1 500～1 800 千克。耐寒性强,耐肥。适于上海市和长江中下游地区栽培。

4. 四季种　生长期与中熟种相近,为 90～100 天。生长势中等,外叶为 20～30 片。一般株高 40～50 厘米,开展度 60～70 厘米。单花球重 0.5～1 千克,耐寒性强,花球发育要求温度为 15℃～17℃。长江流域地区可以春、秋两季栽培,故称为四季种。目前,常用的品种为瑞士雪球、耶尔福、法国菜花等。

我国出口花椰菜基本为春播夏收的中熟品种。

(二)不同地域、不同栽培季节和不同茬口适宜种植的优良品种

花椰菜由于其独特的生物学及植物学特征特性导致其生育适温比较狭窄,在我国气候条件较适宜花椰菜栽培的地区如广东省、福建省、云南省、四川省等地,尤其是云南省、四川省两地区由于气温适宜,基本上一年四季都可以栽培,由于这些地区温暖潮湿的特殊气候条件,使花椰菜的生育适温范围拓宽,由此在栽培上对品种的选择就显得不太重要。栽培上对品种的选择无论是早熟、中熟或者是晚熟,从生育期 40～130 天的品种一般情况下无论什么季节播种均可获得丰收,而在我国北纬 33°的淮河以北地区的华北、东北地区,冬季寒冷,夏季高温,一年中四季分明,栽培花椰菜的适温比较狭窄,而且对品种的选择也比较严格,也就是说我国北方地区栽培花椰菜要想获得丰收,品种的选择非常关键。

花椰菜属 1～2 年生作物,其由营养生长转为生殖生长,不同品种间通过春化阶段所需要的温度及时间各有不同。如早熟品种春化阶段所要求的温度高、时间短,而晚熟品种春化阶段所要求的温度相对较低、时间较长。但无论是早熟、中熟或晚熟品种,在淮河以南及云南省、四川省等地,由于四季气候均适宜花椰菜生长,因此上述地区栽培任何生育期的花椰菜均可以在一个年度内完成由营养生长至生殖生长各个生育环节的生长发育,栽培上极易获得成功。在我国北纬 33°的淮河以北,由于冬季寒冷,夏季高温,一年中四季分明,以京津地区为例,生产上栽培花椰菜,花球生长发育适温只能在春季的 4 月下旬至 5 月中旬和秋季的 9 月中旬至 10 月上旬这两段时间里，因此春季栽培花椰菜应选择100天以上的晚熟品种，栽培上会获得较高的收成，因为晚熟品种的生育习性在通过春化阶段要求的温度相对较低，时间较长。北方地区只有春季栽培才能满足该类品种的生育条件，为此可将育苗时间安排在冬季的1月上旬，采用阳畦冷床育苗，3月末定植。由于晚熟品种喜冷凉，在春季适宜的环境条件下栽培，阶段发育时间就会缩短，定植后可在4月末现花、5月初进入花球膨大期；一般需要18天左右花球充分发育成形；高温到来之前即可收获，也有利于提高产品质量。因此，北方一些地区将100天以上的晚熟品种用于春季栽培，习惯上将晚熟品种叫春花椰菜品种。

上述地区秋季栽培应选择40～60天的早熟品种和70～90天的中熟品种，因为这两类品种生育习性要求通过春化阶段的温度较高，而且时间较短。仍以京津地区为例，秋季栽培花椰菜育苗时间可根据不同品种的生育期长短，分别在6月初至7月中旬这段时间内进行，7月初至8月初定植。由于此类品种苗期能适应较高的温度，且在较高的温度下亦能通过春化阶段。9月中旬至10月中旬在阳光充足、温度适宜的气候条件下使花球充分生长发育，栽培上易获得较好的收成。因此，北方地区把生育期40～90天的品种习惯称为秋花椰菜。

在我国东北地区，由于冬季较长，无霜期较短，栽培花椰菜只能1年1茬。可根据品种的生育期长短安排在春季育苗，将花球生长发育时间安排在秋季适宜的温度环境条件下，才能获得理想的收成。总之，在我国南方栽培的花椰菜对品种方面只有生育期长短之分，而在北方必须有严格的春、秋品种之分。这就是我国南北栽培花椰菜选择品种的不同之处。

我国北方地区四季气候分明，春、秋两季栽培花椰菜，必须将应用的品种充分了解，才能栽培成功。如果品种选择有误，必将造成栽培上的失败。以京津地区为例，如果将生育期40～60天的品种用于春季栽培，由于该类品种要求的生育适温较高，其春季栽培苗期处于低温的环境条件下，使营养生长受到抑制，由于早熟品种对低温较为敏感，在早春低温的环境下，使苗期迅速通过春化阶段转向生殖生长。在育苗期中即可出现早期现花，使栽培失败。如京津地区将生育期100天以上的品种用于秋季栽培，由于这类品种的生育习性喜冷凉，要求通过春化阶段的温度也较低。而较长时间处于高温高湿的环境条件下，会造成营养生长过旺，植株生长高大，在营养生长过旺的情况下使本来推迟的生殖生长在高温下不能满足该品种通过春化所要求的较低的温度条件，使转向生殖阶段更加推迟（植物通过春化阶段是一段对外界条件感应的积累过程），以至待到10月中旬才能通过春化阶段，开始转向生殖生长，现花后在低温下花球生长缓慢，寒流到来之前，不能形成商品花球，导致栽培失败。

1. 黄河流域及以北地区 气候特点表现冬季寒冷，夏季炎热，春、秋季较短。品种分为春季和秋季两种不同类型品种。

(1)春季和高原寒冷地区应用的品种类型　成熟期50～70天，抗寒性强，花球致密的品种，对抗病性要求不严。主要品种有以下几种。

①云山　天津科润蔬菜研究所育成，春季种植成熟期60～65天，抗寒性强，花球致密、不易散花，单花球重1.2千克左右。

②雪宝　日本进口品种，春季定植后60天左右成熟，花

球紧实、不易散花，单花球重 1.2 千克左右，尤其适于高原寒冷地区栽培。

③津品 50　天津科润蔬菜研究所育成，成熟期 50～60 天，抗寒性强，单花球重 1.2～1.5 千克，适于高原冷凉地区栽培。

④雪山　日本进口品种，春季种植成熟期 50 天左右，抗寒性较强，花球略扁，颜色略黄，单花球重 1 千克左右。

⑤玛瑞亚　先正达公司育成，春季栽培成熟期 70～75 天，内叶拧抱护球，花球较紧实，单花球重 1.2 千克左右，叶色略浅绿，抗寒性强。

⑥祁连白雪　常规品种，春季种植成熟期 50 天左右，花球较紧实，单花球重 0.8 千克左右，抗寒性一般。

(2)秋季品种类型　栽培上要求成熟期 50～90 天，耐黑腐病的品种。

①早熟品种　一是丰花 60。天津科润蔬菜研究所育成，成熟期 60 天左右，花球细嫩，单花球重 0.8 千克，较抗黑腐病。二是鹭玉 60。常规品种，成熟期 65 天左右，单花球重 0.8 千克左右，花球较紧实，不抗霜霉病。三是宝雪。日本品种，成熟期 55 天左右，单花球重 0.8 千克左右。

②中熟品种　一是津雪 88。天津科润蔬菜研究所育成，成熟期 70～75 天，花球致密、不易散花，单花球重 1.2 千克以上，较抗黑腐病。二是泰国耐热 60 天。浙江神良种业公司引进开发品种，成熟期 70 天左右，花球较紧实，不易散花，单花球重 1.2 千克左右。三是富士白 2 号。浙江神良种业公司开发品种，成熟期 78 天左右，花球较紧实，不易散花，单花球重 1.2 千克左右。

③晚熟品种　一是云山。秋种成熟期 85 天左右，单花球

重1.5千克以上。二是雪山。日本品种，成熟期80天左右，单花球重1.2千克左右。三是雪宝。成熟期85天左右。四是雪岭一号。日本品种，成熟期85天左右，植株健壮，单花球重1.5千克左右。

2. 长江中下游地区 冬季不太寒冷，花椰菜可以越冬，对花椰菜品种的生长期，要求不太严格，60～240天的品种均能栽培。但夏季湿热，要求抗涝、抗湿能力强。由于栽培历史较长，生产上应用的品种较多。

(1)早熟品种 神良牌50天、60天(浙江神良种业公司育成)；椰丰50天(浙江乐清椰丰种苗公司育成)；李远市50天；雪生牌50天、60天(浙江瑞安南方种苗公司育成)。这些品种成熟期50～70天，花球紧实，抗热、抗湿能力和抗病能力较强，单花球重1千克左右。7月中旬播种，10月份收获。

(2)中熟品种 云山(天津科润蔬菜研究所育成)；申花7号(上海市农业科学院园艺研究所育成)；银冠80天(上海长征种苗公司育成品种)；秋工70天(浙江椰丰种苗公司育成)。这些品种从定植至采收花球共70～90天，花球紧实，抗病能力和抗湿热能力强，单花球重1.0～1.2千克。播种期一般在7月下旬，11月份收获。

(3)晚熟品种 申花3号(上海市农业科学院园艺研究所育成)；一代神良130天(浙江神良种业公司育成)；一代金光120天(浙江龙牌种业公司育成)；瑞雪140天(浙江瑞安登封种业公司育成)；雪生100天、120天、140天(温州瑞安南方种苗公司育成)；成功100天、120天、130天(浙江瑞安市庆一种苗公司育成)；无敌120天、140天(浙江瑞安立新干叶业公司育成)。这些品种植株高大，外叶多。单花球重1.2～2千克。抗湿、抗病能力以及冬性和耐寒性均较强，但耐热性较差。播种期一般在7月底，元旦至春节上市。

(4)极晚熟品种 冬花240(河南省农业科学院蔬菜研究所育成)；雪生180天(浙江瑞安南方种苗公司育成)；丰收180天(浙江瑞安庆一种苗公司育成)。这些品种生长缓慢，抗寒能力强，单花球重1～1.2千克。播种期在7月底至8月初，翌年3～4月份上市。

3. 福建、广东沿海地区 气候炎热，农作物可多季栽培，对花椰菜品种要求为60～80天，耐热、耐湿、耐涝。其中福建省栽培品种为青梗散花类型品种，主要品种为庆农80天(台湾庆农公司育成)，成熟期80天左右，青梗散花，花球细嫩，品质较好。广东省菜花栽培品种为硬花球品种，主要品种有富士山315(日本进口品种)，成熟期80天左右，抗热、耐湿能力较强；福将(圣尼斯种业公司育成)，成熟期80天左右，抗热、耐湿，花球紧实，单花球重1.2千克左右。此外，兴利菜花王(进口品种)栽培面积也较大。

4. 云贵高原地区 由于气候多样，冬季不太寒冷，夏季不太炎热，温度、湿度适宜，比较适合花椰菜栽培，50～140天的品种均能栽培。栽培面积较大的品种有兴利菜花王，成熟期80天左右，单花球重1千克左右；白阳(日本品种)，成熟期80天，单花球重1.0～1.2千克。

(三)花椰菜优良品种选用原则

花椰菜在我国栽培历史不到150年，因此育种研究历史更短。目前，生产上品种应用繁多，良种质量参差不齐，常规品种和杂交品种共存，同时国产品种和进口品种存在激烈的竞争，且我国南北气候差异巨大，各地种植品种差别也明显。

花椰菜的任何品种都是在一定自然和栽培条件下经过人

工培育而成的，都要求特定的环境条件与其适应性，具有较强的地域性。生产者必须根据当地的自然条件、栽培条件和消费习惯，选择优质、抗病、适应性强、适销对路的品种，在花椰菜标准化生产中选择栽培品种要遵循以下原则。

1. 根据栽培条件和栽培方式选择品种 花椰菜有春、秋不同季节茬口的露地和设施栽培方式，不同栽培方式的栽培条件存在着明显的差异，即使是同一地区的不同栽培方式间的品种选择也有不同。例如，我国北方地区早春露地栽培应该选择早熟、抗寒、抗病、耐热的品种，夏秋茬应该选择耐热、抗病、高产的中晚熟品种；塑料大棚和日光温室反季节栽培，由于植株经常处在低温弱光条件下，应该选择耐低温弱光、株型紧凑、光能利用率较高的品种，有利于合理密植和通风透光，提高土地利用率，更适于设施栽培；设施栽培由于湿度大、光照弱、温度变化剧烈、病虫害严重，应该选择抗病虫能力强的品种。在气候条件适宜、土壤肥沃、水肥条件好时应该选择喜肥水的高产品种；相反则选择耐瘠薄、耐旱的优质品种。

2. 根据当地的自然条件选择适宜的品种 花椰菜在原产地起源后，经过人们的移栽、驯化、选择和培育，现已经遍布世界各地，世界不同地区的品种由于在特定的地理和气候条件下长期栽培，形成了具有不同生态习性的品种群，因而对环境条件的要求存在明显差异，在地理和气候条件差异较大的地区间相互引种，往往难以获得较好的栽培效果。我国地域辽阔，从南到北跨越多个不同的气候带，所以在品种选择时应该根据当地的自然条件和品种的生态习性选择适宜的品种。

3. 根据销售方式选择品种 随着我国加入世界贸易组织和国内市场经济的不断完善，以及农业生产的专业化、产业化和集约化的发展，蔬菜产品的出口和国内远距离的运输销售比例越来越大，在以远销为主的栽培时应该选择抗病、耐贮运的品种，以减少在贮运过程中的损失。

4. 选择适应性强、抗性好的品种 环境条件对花椰菜的生长发育，特别是病虫害的发生和流行影响很大，选择适应性、抗性强的品种是保证栽培成功的关键，在选择栽培品种时应该选用能够适应当地不良环境条件，对当地主要病虫害具有较强抗性的品种，以达到无公害乃至绿色食品花椰菜生产的发展需要。

5. 选择生育期适宜的品种 花椰菜品种间的生育期明显不同，地区间适应花椰菜生长的时间长短也存在较大差异，品种选择时必须根据当地适宜花椰菜生长的天数，对照品种的生育期确定适宜的早熟、中熟或者晚熟品种。例如，在生长期较短的寒冷地区应该选择生育期较短的早熟品种，为了避开寒冷和高温多雨病害流行季节选择生育期适宜的品种；露地春夏和温室冬春栽培应该选择生育期较短的早熟品种。

6. 选择保护地栽培品种 花椰菜属于幼苗春化型作物，要求的温度范围相当宽广，不同品种通过春化阶段对低温的要求也不一样。保护地春季早熟栽培、冬春栽培花椰菜一定要选用春季生态型品种。这类花椰菜的幼苗能在较低的温度下正常生长，在5℃左右最适温度范围内通过阶段发育，而在较高的温度下形成花球。例如，早熟的品种耶尔福、法国菜花、瑞士雪球、米兰诺、荷兰48号，中熟的日本雪山、福农10号，晚熟的福州100天、温州110天、龙峰特大100天、龙峰特大120天等都可冬春栽植。保护地栽培秋延后花椰菜，要选用秋季生态型品种，其特点是幼苗能在较高温度下正常生长，在17℃～18℃最适温度范围内通过阶段发育，而在较低温度下形成花球，如中熟品种福农10号、日本雪山、温州80天、龙峰特大 80 天、荷兰雪球、津雪 88，都可在秋延后栽培中选用。

二、花椰菜种子的标准化生产

植物的遗传性和变异性是相对统一的，遗传是相对的，变异是绝对的。一个花椰菜优良品种推广后，经几代种植就会出现退化变劣的现象，而生产上需要不断供应花椰菜优良品种的优良种子。因此，根据不同类型的花椰菜对外界环境条件的不同要求，制订出不同类型花椰菜的原（良）种生产技术（操作）规程。只有符合技术规程所生产出的种子，质量才有保证。这是克服花椰菜优良品种退化变劣，提高种子质量的有效措施。

（一）花椰菜原种种子生产

我国幅员辽阔，气候条件差异很大，各地花椰菜采种季节及方法有所不同。华南地区花椰菜在冬春采种。华北地区花椰菜因不能露地越冬，主要采取温室、阳畦、拱棚采种。在青海、内蒙古等高寒地区，可采取早春保护地育苗，露地定植，花球形成后越夏开花，9 月份收获种子。花椰菜有 2 个主要生态型，即春季生态型和秋季生态型，它们的采种方法不同。

1. 春花椰菜原种的繁育 一般采用秋季露地播种育苗，冬前定植于阳畦内越冬，并在阳畦采种的方法。

（1）种株的培育

①整地施肥 育苗地要选前茬没种过十字花科蔬菜及土质疏松、土壤肥沃、排灌良好的地块。每 667 平方米施腐熟有机肥 5 000 千克，过磷酸钙 30 千克，进行耕翻、耙平、做畦，畦宽 1 米，长 7～10 米。

②适时播种及分苗　播种过早，花球在越冬前就可形成，越冬时易遭受冻害；播期过晚，花期会遇上高温多雨季节，种株不能正常开花、结实，病虫害严重，严重影响种子的产量和质量。华北地区适宜的播种期在8月底至9月初。

将准备好的播种畦浇足底水，水渗后在畦面撒一薄层过筛土即可播种，尽量做到撒种均匀，每平方米播种量2.5克左右，然后覆过筛细土0.5厘米。播种后为防暴雨冲刷苗床，可在畦面覆盖青草及其他覆盖物，出苗后及时撤去。苗出齐后，再覆土0.5厘米，可防止土面龟裂，有利于保墒和幼苗生长，为防止地下害虫，可在畦的四周撒拌有农药的麦麸。

按播种苗床的要求，事先准备好分苗苗床。当幼苗长至2叶1心时进行分苗，分苗最好在阴天或傍晚进行，苗距10厘米左右。分苗时尽量少损伤根系，分苗后立即浇水，过5～7天再浇1次缓苗水，然后中耕蹲苗，以后可根据苗情进行肥水管理，如缺肥，可结合浇水，每667平方米追施尿素10千克左右。

(2)适时定植及越冬管理　如定植过早，阳畦内温度高，幼苗生长快，会过早形成花球，越冬时易遭受冻害，并且开花早，气温低，影响种子的产量。但又不能定植过晚，否则阳畦内温度低，幼苗缓苗慢，不利于幼苗生长，而降低其抗寒能力，且开花晚气温高，同样会影响种子的产量和质量。华北地区多在10月中旬至下旬定植在阳畦内，首先将阳畦内的土壤深翻耙平，并结合整地每667平方米施腐熟有机肥5000千克，并增施磷、钾肥，畦宽1.8米，可栽4行，株距30～33厘米。定植时要严格选苗，去杂去劣。阳畦如为东西向，将大苗、壮苗栽在阳畦南边，小苗弱苗栽在北边；阳畦如为南北走向，可将小苗弱苗栽在中间，促使种株生长一致。定植后及时浇水、中耕，过5～7天浇1次缓苗水，中耕蹲苗。到小雪前后，根据植株生长情况结合浇冻水可酌情施肥，然后中耕越冬，这时植株应具有7～8片真叶。

当气温降至0℃时，要及时加盖薄膜和草苫。冬季应根据天气情况揭盖草苫及放风。总之，畦内最低温度不能低于0℃。立春后，随着气温升高，逐渐加大放风量，清明前后，根据外界气温的变化，可逐渐去掉覆盖物，但预报有霜时，仍要覆盖防霜冻。

(3)抽薹期及开花结荚期管理　在适宜播期和正常管理条件下，一般在1月下旬至2月上旬出现花球，3月下旬至4月上旬抽薹，为防止种株倒伏，在抽薹期要搭支架。

为确保亲本系原种的纯度，在抽薹开花前花球已基本形成，应根据品种的特征特性，进行1次严格的选择，彻底拔除花球小而薄、花球出现过早、花球有绿色茸毛、花松散及抽薹过早的植株，选择花球大而雪白的植株作为原种株。

在抽薹开花期要加强肥水管理。大部分植株抽薹后，应结合浇水每667平方米追施尿素20千克，并及时中耕。盛花期要保持土壤湿润，结合浇水可追肥1～2次，每667平方米追施尿素10～15千克。结荚期可叶面喷0.4%磷酸二氢钾溶液2～3次，每隔5～7天喷1次，可促使籽粒饱满，增加千粒重。盛花期过后进入结荚期，要减少浇水次数，以防贪青晚熟。

因花椰菜是异花授粉作物，在植株开花前，要扣上纱罩，花期不要使花枝触及纱罩，严防昆虫传粉造成生物学混杂。如亲本是自交系，为提高结实率，在花期要进行人工辅助授粉，用鸡毛掸子逐棵传粉，使花粉飞扬，以达到授粉的目的。如有条件，可把蜂箱搬入纱罩内，利用蜜蜂授粉，则效果更好。

如亲本是自交不亲和系，要用人工蕾期授粉的方法来繁殖原种。其具体方法是：用剥蕾器轻轻地把花蕾顶部的萼片和花瓣剥去，便于雌蕊柱头露出，然后用海绵球蘸上本系的花粉授在柱头上。剥除花蕾的萼片、花瓣一定要轻，要避免伤害柱头和花柄，否则会降低结实率，授粉的花蕾大小要适当，以开花前2～4天的花蕾授粉结实最好。为避免自交代数过多而造成生活力退化，授粉要用系内各株的混合花粉。授粉时应注意，由一个自交不亲和系转向另一个自交不亲和系剥蕾授粉前，手和剥蕾器一定要用酒精消毒，以杀死手和镊子上所带的花粉。

(4)适时收获　当种荚变黄，种子变褐时，要分期分批收获。采收过早，籽粒不饱满，影响发芽率；采收过晚，种荚开裂造成种子损失。种荚收获后可放在通风处，阴干后熟3～4天，脱粒加工，经晾晒、清洗达到标准后方可入库。华北地区一般在6月中下旬收获。

2. 秋花椰菜原种的繁育

(1)种株的培育

①播前准备　育苗床要选择地势高燥、土壤肥沃、排灌方便及前茬未种过十字花科蔬菜的地块，每667平方米施入腐熟有机肥5 000千克左右，然后进行耕翻、耙平、做畦，畦宽1～1.2米，长10米左右。

②适时播种及分苗　华北地区多在7月中下旬播种。播前将畦内浇足底水，水渗后，在畦面撒一薄层过筛土即可播种，每平方米播种量2.5克左右，尽量做到撒种均匀，然后覆过筛细土0.5厘米。播种后为防阳光暴晒和暴雨冲刷苗床，可在畦面覆盖青草及其他覆盖物，出苗后及时撤去覆盖物。苗出齐后，再覆土0.5厘米，可防止土面龟裂，有利于保墒和

幼苗生长。

按育苗畦的要求，事先准备好分苗畦，待幼苗长到2叶1心时，按10厘米见方进行分苗，分苗后立即浇水，过5～7天再浇1次缓苗水，然后中耕蹲苗，待幼苗长到5～6片真叶时可进行定植。

③田间管理　定植种株的地块，应选择土壤肥沃、排灌方便的地块，切忌与十字花科蔬菜连作。每667平方米施腐熟有机肥5000千克，磷酸氢二铵20～30千克，然后耕翻耙平，做平畦。

华北地区一般在8月中下旬进行定植，以幼苗有5～6片叶为宜。因花椰菜的根系损伤后难以恢复，所以应带土坨定植，每667平方米3000株左右。定植后及时浇水，过5～7天再浇1次缓苗水，然后中耕蹲苗，蹲苗时间一般为7～10天。蹲苗结束后，叶片进入旺盛生长期和花球肥大期，要加强肥水管理，土壤要保持湿润，根据土壤肥力情况，结合浇水可进行追肥。

(2)种株的选择　在花椰菜的整个生育期都要进行严格的去杂去劣，在苗期要及时拔除病苗、弱苗及不符合本品种特征特性的杂苗。还要淘汰花球出现过早、有绿色茸毛、花球松散的植株。越冬前在正常的栽培管理条件下，种株的种性已充分表现出来，是选择种株的最好时机，要选择具有本品种特征特性的种株作为繁殖原种用。

(3)种株的定植及其管理　在10月中下旬，将入选的种株连根拔起，定植在温室内，尽量不要伤害种株的叶片及根系。定植前要施足基肥，做好畦，为便于管理，可采用宽窄行栽植，宽行70～80厘米，窄行33～40厘米，株距30～33厘米。定植后要及时浇水，缓苗后中耕，可提高地温，促进根系发育。温室白天温度控制在 20℃～25℃，夜间不低于 15℃，到散球期，可将花球中央部分割去，只留边缘 4～5 个花茎。割球后，要通风降低温室内温、湿度，以免花球腐烂。12 月份即可抽薹，翌年 1 月下旬进入花期，并进行人工蕾期混合授粉。其具体操作方法同春花椰菜原种的繁育。

在抽薹开花期要加强肥水管理，可根据土壤肥力及植株长势结合浇水，进行追肥。进入花期，温室内相对空气湿度不应高于 80%，为防止温室温、湿度过大，可于晴天中午进行放风。为防止植株倒伏，可在抽薹期搭好支架。

(4)适时收获　华北地区一般在 3 月下旬即可收获。种荚变黄后要分期分批采收。采收过早籽粒不饱满，影响种子的产量和质量；采收过晚，种荚开裂造成种子损失，并且种子的发芽率也降低。收后要进行后熟再脱粒、清选，经晾晒达到标准后方可入库贮存。

(二)花椰菜生产用种种子生产

1. 常规品种种子生产

(1)春花椰菜生产用种的繁育　繁育方法基本上同春花椰菜原种的繁育，不同之处是：种株抽薹后，大约在 3 月下旬可将覆盖物揭去，花期由昆虫授粉或人工辅助授粉。但采种田要有良好的隔离条件，与其他花椰菜不同品种及甘蓝类蔬菜的采种田隔离距离应在 2 000 米以上。

(2)秋花椰菜生产用种的繁育　一般采用阳畦播种育苗，定植于温室内越冬并采种的方法。

①种株的培育　选择背风向阳、土壤肥沃、前茬未种过十字花科蔬菜的地块，建长 10～15 米，宽 1.8 米，深 35～45 厘米的阳畦，畦框一定要夯实，结合做畦，每 667 平方米施腐熟

有机肥 5 000 千克左右(每平方米 15～20 千克),耕翻、倒匀、耙平。

华北地区一般在 10 月中旬播种。播前将播种畦浇足底水,水渗后,在畦面撒一薄层过筛土即可播种。苗出齐后,再覆土 0.5 厘米,以填充畦面裂缝,有利于保墒和幼苗生长。夜间要加盖草苫。

在立冬前后当幼苗长到 2 叶 1 心时,按 10 厘米见方分苗于温室中,分苗后立即浇水,过 5～7 天再浇 1 次缓苗水,然后中耕蹲苗。温室白天温度控制在 20℃～25℃,夜间不低于 15℃,如受低温影响,就会导致营养生长与生殖生长不协调,使植株过早现球。

②适时定植、加强管理　定植适期一般在 12 月中下旬,此时幼苗以具有 5～6 片真叶为宜。株行距为 30～33 厘米×40 厘米,定植前施足基肥,每 667 平方米施腐熟有机肥 5 000 千克,钙镁磷肥 20～30 千克,进行耕翻耙平。定植时对种株要进行严格选择,选用叶片厚而深绿,茎粗壮,根系发达的健壮苗,淘汰病苗、杂苗及弱苗。定植后及时浇水,并进行中耕,以提高地温,促进根系发育。白天温度控制在 20℃～25℃,夜间不低于 15℃。如管理正常,种株一般在 1 月下旬开始抽薹,结合浇水可进行追肥。5 月上旬进入盛花期,要加强肥水管理,地面要保持湿润,同时还要进行追肥,以满足种株开花结荚对肥水的需求。植株进入结荚期要控制浇水。

为防止种株倒伏,在抽薹期要搭好支架,在初花期要揭掉塑料薄膜,以利于昆虫授粉。在花期进行人工辅助授粉,用鸡毛掸子逐棵扫粉,使花粉飞扬,以达到授粉的目的。

③适时采收　采收方法同前。

2. 杂交一代种子的生产　目前,花椰菜杂交制种主要是通过自交不亲和系来进行繁育的。不同生态类型亲本系的种株培育及定植管理与常规品种繁殖方法基本相同。不同之处如下。

一是如果双亲亲和指数有较大差异时，可将亲和指数低的亲本系加大栽植比例，栽植行比为 2∶1，如双亲生长势有较大差异时，也可按 2∶1 或 2∶2 栽植。二是双亲的花期要相遇，如果双亲花期不一致，可通过调整播期等措施，促使双亲花期相遇。三是为提高制种田的产量及杂交率，花期要有蜜蜂等昆虫进行授粉。四是要有良好的隔离条件。杂交制种田要与花椰菜不同品种的采种田及甘蓝、苤蓝采种田空间隔离在 2 000 米以上。否则，会影响杂交一代的纯度。五是在花椰菜的整个生育期都要进行严格的去杂去劣，以提高杂种一代的纯度。

3. 提纯复壮 花椰菜是昆虫异花授粉作物，在繁种过程中由于品种间相互杂交及采种方法不当，可导致品种混杂退化。为保持品种的原有种性，既要保证不同品种间有良好的隔离条件，又要选择适宜的制种方法。对混杂退化的品种要进行提纯复壮，花椰菜提纯复壮主要采用混合选择法和改良混合选择法。

秋季生态型花椰菜原种生产，可从原种圃或生产田中选择优良种株于 10 月中下旬定植于温室，进行原种的繁育。春季生态型花椰菜原种生产，一般采用秋播采种。如用春季生产田里的优良种株直接采种，因夏季炎热多雨，不能正常开花结籽。由于连年秋播采种，易导致种性退化，从秋播生长良好的种株采收到的种子，春播不一定表现良好。为保持品种良好的种性，可在春季生产田里选择优良种株，砍掉花球，尽量保留叶片，伤口呈斜面，以防积水腐烂，伤口可涂紫药水杀菌。

然后移到阴凉处，土壤保持湿润疏松，20天以后，从根部长出分蘖，待根蘖长出5～6片叶时，掰下扦插于排水良好的地方，秋季可长出花球，然后移到温室进行采种。

三、花椰菜种子检验和加工技术标准

（一）花椰菜种子检验标准

花椰菜种子检验依据GB 16715.4—1999（甘蓝类作物种子国家标准）执行。花椰菜种子经过检验鉴定，达到国家规定的种子质量标准后，方可分级、包装，进入市场销售。

1. 种子净度 种子净度检验按GB/T 3543.3执行。净度是指除去杂质和废种子等杂物外的检测品种的种子所占的百分率，是种子质量的重要指标。无论是亲本、杂交种还是常规品种净度都不得低于98%。

净度＝纯净种子重量/供检种子重量×100%

检验时取2份各5克种子样品，拣除杂质（泥沙、其他作物和杂草种子、植株病残体等）和废种子（破碎、已经发芽和干瘪的种子）后用天平称重，按上式计算净度。

2. 种子纯度 花椰菜的纯度检验主要以种子田检验为主。检验取样根据采种田面积而定，面积较大时，每667平方米取2个样本，每个样本取20～30株调查即可，并设有标准品种小区作为对照，设重复。在正常条件下进行栽培管理，不能除杂，在花期、成熟期按小区进行品种纯度检验。品种纯度按下式计算。

品种纯度＝本品种株数/检验株数×100%

种子纯度的室内检验按GB/T 3545.3执行。鉴定时以原有标准样品作对照，根据待检种子的形态、大小、色泽等特征，通过肉眼或者解剖仔细观察200～400粒种子，鉴别并按下式计算纯度。

品种纯度＝（样品种子粒数－异种子粒数）/样本种子粒数×100％

3. 种子发芽力 种子收获后贮藏前、贮藏中期、出售之前均应该进行发芽力检验。

花椰菜种子发芽试验按GB/T 3543.4执行。花椰菜种子的发芽率是指浸种后催芽6天内正常发芽种子所占的百分率；发芽势是指发芽2天内的发芽率。发芽力检验时，随机取经过净度检验后的种子，在室温下浸种12小时，随机取4份，每份100粒，分别摆放在内铺两层滤纸的培养皿上，贴上标签，并在标签上注明品种名称、样品号、重复次数和日期等。置于温箱中变温保湿催芽。变温为每天保持20℃16小时，30℃ 8小时，空气相对湿度保持在90％～95％。按照下式计算各份样品的发芽率和发芽势，用4次重复的平均值表示品种的发芽率和发芽势。

发芽率＝催芽6天内正常发芽的种子数/供检验的种子数×100％

发芽势＝催芽2天内正常发芽的种子数/供检验的种子数×100％

4. 种子含水量 种子水分测定按照GB/T 3543.6执行。种子水分是指种子中所含水分占样品重量的百分率，是影响种子安全贮藏的重要指标，检验方法有感官检验和105℃恒温法。感官检验法是通过眼看、手摸、耳听、牙咬等感官简单的方法判断种子的干燥程度，主要用于种子的初步检验，检验者必须具有丰富的鉴定经验。正规检验应该以

105℃恒温法为准，即：先用0.1%的天平称取种子样品2份各5克，分别放入注有盒号和重量的干燥铝盒中，将盒盖放在底部，一并放入到烘箱中，将温度调至105℃后，恒温烘烤8小时，关闭烘箱开关，打开箱门，盖好盒盖，放在干燥器内冷却20～30分钟后称重，计算含水量。2次重复差距不超过0.2%时求出平均值，差距过大应该重新测定。测定中称量精度为0.001克，含水量计算精度为0.1%，按下式计算。

种子含水量=(烘前样品重—烘后样品重)/烘前样品重×100%

5. 种子千粒重 千粒重是指在含水量为8%时，1 000粒花椰菜种子的重量。不同品种千粒重不同，但同一品种的种子千粒重基本上是一定的。在标准含水量条件下，种子的千粒重反映种子的饱满度。种子千粒重检验时将种子混匀，随机连续数取种子样品2份，每份1 000粒称重。在2次重量相差低于5%时，计算平均值求得种子的千粒重。

花椰菜种子经过检验鉴定，进行分级(表2-1)。

表2-1 花椰菜种子质量指标

级别	纯度(%) 不低于	净度(%) 不低于	发芽率(%) 不低于	水分(%) 不高于
原种	99	99	95	8
一级良种	96	99	95	8
二级良种	93	98	90	8
三级良种	87	97	85	8

(二)花椰菜种子的包装、运输和贮藏标准

花椰菜种子的包装、运输和贮藏按GB 7414～7415—87

执行。种子贮藏是指从种子采收到播种整个过程的贮藏。在此过程中,既要严防种子混杂,还必须尽量保持种子的生活力。在贮藏时,与种子生活力关系最为密切的是种子含水量和贮藏温度、湿度。只有这些条件适宜,才能保持种子的良好品质。

种子包装可以便于贮藏和运输,改善种子的商品形象,树立品牌优势,提高种子经营者的知名度,购买者也可以从包装上了解种子的品种特性、质量等级、生产日期、封装数量等相关信息。种子包装有调运包装、销售包装 2 种形式。可以方便运输和码垛。销售包装在种子销售过程中普遍应用,包装材料分内包装和外包装,内包装也叫小包装,主要有纸袋、金属罐、铝箔袋、聚乙烯薄膜袋等,通常都具有良好的密封性,可以起到防水、防潮、防虫、防霉变的作用,也有把密封袋内抽成真空,以抑制种子的呼吸及各种病菌和害虫的活动,可以延长种子的使用年限。花椰菜种子的内包装一般盛有额定的少量种子,包装袋上必须标明品种名称、商标、特征特性、栽培要点、种子质量标准、注意事项、种子繁殖和经销单位名称、地址和联系方式等必要信息,以便使用者参考和查询。种子外包装一般是一定规格的纸箱或者塑箱,内盛装定量的小包装种子,外包装上同样也须注明品种名称、商标、盛装的小包装数量、种子繁殖和经销单位名称、地址和联系方式等必要信息。

花椰菜种子的贮藏主要分为常规贮藏、冷却防潮贮藏、低温干燥贮藏、低温干燥气调贮藏等形式。常规贮藏是将充分干燥的种子用透气的布袋、麻袋或者塑料编织袋盛装,置于冷凉、干燥无降温除湿装置的种子库内贮藏的方法,通常库内的温度控制在 10℃～15℃,空气相对湿度控制在 50%～60%,种子含水量控制在 8%以下,主要用于大量生产用种的短期

(1～2 年)贮藏。冷却防潮贮藏是采用设有防潮层、隔热层和冷却装置的种子库贮藏种子的方法，通常库内温度控制在 0℃～10℃，空气相对湿度控制在 60%以下，种子含水量控制在 8%以下，主要用于高温、高湿地区生产用种或者生产用原种的中短期贮藏(3～5 年)。低温干燥贮藏的种子库设有较为严密的绝热防潮设施，安装精良的冷冻机和降湿设备，将空气相对湿度控制在 30%以下，温度控制在－15℃以下，种子含水量在 6%以下，主要用于品种资源、原种和原原种的长期贮藏。低温干燥气调贮藏种子库的基本设施和温、湿度控制与低温干燥贮藏相似，但采用减压和填充氮气、二氧化碳等气体可改变库内的气压和气体构成，以降低种子贮藏期内的呼吸强度，延长种子寿命的贮藏方法。

第三章 花椰菜标准化生产的产地环境和设施栽培环境

花椰菜标准化生产的环境条件按照 GB/T 18407.1—2001 农产品质量安全(无公害蔬菜产地环境要求)标准执行。

一、花椰菜产地环境标准

(一)土壤环境质量标准

花椰菜的根系较强大,须根发达,多集中于 30 厘米土壤耕层内。花椰菜对土壤营养条件的要求严格,只有栽培在土壤疏松、耕作层深厚、有机质含量高,以及保水、排水性良好的肥沃土壤中才易获得高产。在整个生长期内都要供应氮素营养,特别是叶簇旺盛生长时期,更需供给充足的氮素养料。而在花芽分化和花球发育过程中,除供给氮素营养外,还需提供磷、钾营养,以促进糖的积累和蛋白质的形成,有利于花芽分化、花球形成。同时,花椰菜对硼、镁等元素有特殊的要求,缺硼时常引起花茎中空或开裂,花球变锈褐色,味苦。缺镁时,叶片变黄。

无公害花椰菜标准化生产产地土壤环境质量应符合表 3-1(GB 15618 土壤环境质量标准)的规定。

表 3-1　花椰菜产地土壤环境质量标准

项　　目	含量限值			检测方法执行标准
	pH 值<6.5	pH 值 6.5~7.5	pH 值>7.5	
镉(毫克/千克)　≤	0.30	0.30	0.60	GB/T 17141
汞(毫克/千克)　≤	0.30	0.50	1.0	GB/T 17136
砷(毫克/千克)　≤	40	30	25	GB/T 17134
铅(毫克/千克)　≤	250	300	250	GB/T 17141
铬(毫克/千克)　≤	150	200	250	GB/T 17137
铜(毫克/千克)　≤	50	100	100	GB/T 17138

注:本表所列含量限值适用于阳离子交换量>5 厘摩/千克的土壤,若≤5 厘摩/千克,其含量限值为表内数值的半数

(二)灌溉水质量标准

花椰菜性喜湿润,耐旱、耐涝能力较弱,对水分要求较严格,在叶簇旺盛生长和花球形成时期,尤需供给充足水分。否则,常因干旱使植株地上部分受到过分抑制,导致提前形成小花球,降低品质和产量。但花球形成期如果水分过多,会引起花球松散、花枝霉烂。

无公害花椰菜标准化生产产地灌溉水质应符合表 3-2(GB 5084 农田灌溉水质标准)的规定,地下水源灌溉取水层深度大于 50 米。

表 3-2　花椰菜产地灌溉水质量标准

项　　目	浓度限值	检测方法执行标准
pH 值	5.5～8.5	GB/T 6920
化学需氧量(毫克/升)　≤	150	GB/T 11914
总汞(毫克/升)　≤	0.001	GB/T 7468

续表 3-2

项　目	浓度限值	检测方法执行标准
总镉(毫克/升)　≤	0.005	GB/T 7475
总砷(毫克/升)　≤	0.05	GB/T 7485
总铅(毫克/升)　≤	0.10	GB/T 7475
铬(六价)(毫克/升)　≤	0.10	GB/T 7467
氟化物(毫克/升)　≤	2.0	GB/T 7484
氰化物(毫克/升)　≤	0.50	GB/T 7487
石油类(毫克/升)　≤	1.0	GB/T16488
粪大肠菌群(个/升)　≤	10000	GB/T5750

(三)产地环境空气质量标准

无公害花椰菜标准化生产产地环境空气质量应符合表3-3 (GB 3095 环境空气质量标准)的规定。

表 3-3　花椰菜产地环境空气质量标准

项　目	浓度限值		检测方法执行标准
	日平均	1 小时平均	
总悬浮颗粒物(标准状态)(毫克/米^3)　≤	0.30	—	GB/T 15432
二氧化硫(标准状态)(毫克/米^3)　≤	0.15	0.50	GB/T 15262
二氧化氮(标准状态)(毫克/米^3)　≤	0.12	0.24	GB/T 15435
氟化物(标准状态)(微克/米^3)　≤	7	—	GB/T 15434

注:日平均指任 1 日的平均浓度;1 小时平均指任 1 小时的平均浓度

(四)其　他

花椰菜产地环境标准见表3-4。

表 3-4　花椰菜产地环境标准

项　　目	指标(米)
高速公路、国道　≥	900
地方主干道　≥	500
医院、生活污染源　≥	2000
工矿企业　≥	1000

有毒、有害的农药、除草剂、植物生长调节剂、激素等危险物应有严格管理规定,不应在田间存放。

二、花椰菜栽培设施建造的标准

(一)塑料小拱棚

小拱棚一般宽1～2米,高0.6～1米,长10米左右,或依地块长度而定。用荆条、细竹竿、竹片等弯成拱形,两端插入土中,做成拱架。1米宽的小拱棚用2～4根荆条,梢对接缠绕在一起绑紧,两端插入畦埂内,一般每0.5米设1拱,拱插完后,用1根绳把所有拱在最高点处连成一整体,绳的两头拴在木橛上,固定拱棚的两端,以增加强度。2米宽的小拱棚则需要在中间埋立柱、设横梁,以支撑拱杆,一般隔2米左右埋1个立柱。拱杆也可用竹片、细竹竿,如用荆条,则每拱的荆条数应增加至6～8根。也可一次性投资,用ϕ14钢筋焊接成固定的小拱棚，宽 2 米，高 1.1 米，每 0.5 米设 1 拱，每个小拱棚长 8～10 米，钢筋拱的底部和中部由 3 道 ϕ14 钢筋焊接成整体，两端和中间由 3 道 ϕ10 钢筋固定跨度。

小拱棚主要用于花椰菜春季早熟栽培。用小拱棚定植期可比露地栽培提早 7 天左右。小拱棚也可用于培养成苗。小拱棚的空间小，晴天升温特别快，夜间降温也快，所以温度管理特别重要。在早春使用时，既要防高温危害，又要防冷害、冻害。防高温可加强通风，防止干旱，必要时中午适当遮光，尤其是使用新塑料薄膜时更要小心。防冷害、冻害主要应把握好定植期，即定植不要过早，特别是在夜间不加覆盖物的情况下，更要注意防冷害。此外，还要防止风害。

（二）塑料大棚

塑料大棚的建造规格一般为矢高 2.5～3 米，跨度 6～12 米，长度 30～60 米。具体的建造结构如下。

1. 竹木结构大棚 竹木结构大棚用小头直径 4～5 厘米的竹竿作拱杆，间距 1 米，每排拱杆由 6 根立柱支撑；立柱纵向用拉杆（较粗的竹竿或木杆）连接。

建造 667 平方米的竹木结构大棚，跨度 12 米，中高 2.5 米，长 55.5 米。设 6 排立柱，立柱横向间距 1 米，纵向间距 1.7 米。先立中柱，再立腰柱和边柱，腰柱和边柱要比中柱依次降低 20 厘米，以使棚面形成拱形。中柱、腰柱直立，边柱上端向外倾斜 70°角，以增加拱架的支撑力。用木杆作立柱，下端埋入土中 30 厘米深，为了防止立柱下沉或被拔起，在柱脚 15 厘米处钉上 20 厘米长的横木杆。距立柱顶端 25 厘米处设拉杆，用木杆横向连接起来，用 12 号铁丝把木杆与立柱拧牢，使之成为一体。立柱在距顶端 5 厘米处钻孔，穿过细铁丝,并绕过拱杆把立柱与拱杆绑在一起,拧紧,使拱杆牢牢固定在立柱上,形成多柱式竹木结构大棚骨架。

2. 竹木结构悬梁吊柱大棚 竹木结构悬梁吊柱大棚纵向每隔 3 米设 1 排立柱,比一般竹木结构大棚立柱减少了 2/3,用小吊柱支撑拱杆,适当增加立柱和拉杆的强度。大棚的规格与普通竹木结构大棚相同,由于立柱减少了 2/3,拉杆应增加粗度。大棚纵向每 3 米设 1 排立柱,在纵向拉杆上设 20～25 厘米长的小吊柱。小吊柱用 5 厘米粗木杆做成,距两端 5 厘米处钻眼,穿过细铁丝,下端拧在纵向拉杆上,上端拧在拱杆上,其他做法同竹木结构大棚。

3. 钢架无柱大棚 钢架大棚的骨架采用轻型钢材焊接而成。由于不设立柱,建材的截面又比较小,大棚不但采光好,作业也方便,但是造价高,一次性投资多。

大棚跨度 10 米左右,矢高 2.5～2.7 米。钢筋骨架每米设 1 道桁架,桁架上弦用 ϕ16 钢筋,下弦用 ϕ14 钢筋,拉花用 ϕ10～12 钢筋。上、下弦距离 25 厘米,桁架下弦每 2 米左右设一 ϕ16 钢筋纵向拉梁。在桁架两侧用 ϕ14 钢筋各设一斜的小立柱,上连上弦,下连立柱拉梁上,以防桁架扭曲变形。

钢管骨架是用 4 分钢管或 6 分钢管作拱杆,每隔 3 道拱杆设 1 道桁架,桁架上弦用 6 分钢管,下弦为 ϕ14 钢筋,拉花用 ϕ10～12 钢筋,纵向拉梁和小立柱与钢筋桁架相同。

制作钢架时先在水泥地面上画一条超过 10 米长的直线,按 10 米跨度,取 9 个点向上引垂线,中间垂线高度定为矢高。另外 8 条垂线的上端确定高度点后,把由 0～10 米的各点圆滑连起来即成为棚面弧形的上弦。按这个弧形做成模具,就可以焊制桁架,各片桁架焊好后与 ϕ16 钢筋纵向拉梁焊接即成钢架大棚。

(三)单栋或连栋日光温室

单栋跨度6～9米、脊高4～6米，2连栋以上的大型保护设施。

1. 竹木结构一斜一立式日光温室

(1)筑墙　竹木结构日光温室，后墙和山墙可就地取土筑墙。为了提高保温效果，应把温室内20厘米深地表土取出堆放在一边，然后取下层土筑墙，墙筑好后再把表土放回原地。由室内挖20厘米深的土筑墙，包括用于抹后坡的土，完全够用。筑墙有2种方法：一种是用草泥垛墙，另一种是用夹板夯土墙，这些技术普遍都能掌握，只是筑墙前要把尺寸量准，挂好线，按线筑墙。为了使墙不出现干缩裂缝，应采用叠接夯土的方法，不要做对接筑墙。冻土层浅的地区，墙可1次筑至需要的厚度，冻土层深的地区，墙体厚度为50～60厘米，筑好墙后再在墙外培防寒土。

(2)建后屋面骨架　竹木结构日光温室后屋面骨架有柁檩结构、檩椽结构。柁檩结构由柁、中柱、脊檩、后檩和中檩组成。中柱埋入地下40厘米，为防止下沉，需用较大的石块作柱脚垫，柱上端支撑柁头部，柁头探出中柱前40厘米，柁尾放在后墙上。为防柁尾下沉，应用木板垫在柁尾下面。脊檩对接，要既平又直，以便于固定拱杆。后檩和腰檩错落地放在柁上。檩椽结构是由中柱支撑脊檩，每隔3米设1个中柱。在脊檩上每隔30厘米用小头直径5～6厘米、2米长的木杆作椽子，小头架在脊檩上，大头架在后墙上。椽头探出脊檩40厘米，椽头上横放1根木杆作瞭檐，以便固定拱杆。为防椽尾下沉，在后墙上横放1道细木杆，把椽尾钉在木杆上。

(3)盖后屋面　柁檩结构的后屋面骨架，因檩木的间距较大,需要用整捆高粱秸或芦苇作箔,铺盖后在每道檩木处用5～6根高粱秸压在上面,用绳绑紧。檩椽结构的后屋面骨架由于椽子的间距小,可用高粱秸秆或玉米秸勒箔。不论用哪种箔,上面都要抹一层草泥,再抹一层沙子泥,上面铺一层碎草,再铺玉米秸。在后坡上用木杆或竹竿压在玉米秸上,用铁丝拧在腰檩上,以便拴压膜线,固定草苫上端和拴卷草苫绳。

(4)**建造一斜一立式温室前屋面骨架** 用直径4厘米的竹竿做拱杆,架在腰梁和前梁上,梁下每3米设1个立柱,与中柱取齐。底脚部用竹片作拱杆,上端压在竹竿上,用塑料绳绑紧,下端插入土中,稍呈拱形。拱杆间距为0.8米,拱杆上端固定在脊檩或瞭檐上。

2. 竹木结构半拱形日光温室 筑墙、建后屋面骨架和盖后屋面同一斜一立式。

前屋面骨架用5厘米宽的竹片做拱杆,弯成拱形,上端固定在脊檩或瞭檐上,下端插入土中,拱杆由腰梁和前梁担起,腰柱和前柱与中柱取齐。不同处是前柱向前倾斜成70°角。拱杆间距为0.6～0.7米。为了防止拱杆插入土中部分下沉,可用1根横杆与各拱杆绑紧。

3. 竹木结构悬梁吊柱日光温室 筑墙、建后屋面骨架和盖后屋面同一斜一立式。

竹木结构半拱形日光温室为了方便在室内扣中小棚保温防寒,可以取消前屋面立柱,建成悬梁吊柱骨架。其建造方法是后屋面采用柁檩结构,每3米设1架柁,由中柱支撑,距前底脚0.5米处钉1米高木桩做前支柱,由柁头与前立柱间用木杆作桁架,上端固定在柁头上,下端固定在前立柱上。在桁架上设3道梁,前立柱上用细木杆做横梁,中部的2道横梁加粗,在横梁上设小吊柱支撑拱杆,小吊柱两端钻孔,穿细铁丝,下端拧在横梁上，上端拧在拱杆上。

4. 钢骨架无柱日光温室 先确定温室脊高和前屋面水平投影长以及前底脚的角度。根据正切函数算出距前底脚1米处拱架的高度。假如按55°算，则1米处高＝1×tg55°＝1.43米。在1米处设30°，则距前底脚2米处高＝1.43＋1×tg30°＝2米。在2米处设25°，则距前底脚3米处高＝2＋1×tg25°＝2.47米。在平台上画1条与前屋面水平投影等长的线段，在其右端按脊高向上引一线段，分别距左端1米，2米，3米处向上引1.43米、2米、2.47米的线段，这4个点连同左端点确定的弧线，即为拱的上弦。据此放样做成模具，在平台上做桁架，将上弦（4分管或ф16钢筋）和下弦（ф12钢筋）按模具弯成需要的拱形，再焊接中间的拉花（ф9钢筋）。焊完拱架运到场地，用叉杆支起，焊接2道纵向拉梁（ф10钢筋），使拱架连成一体。拱架间距最好不超过85厘米，以保证抗风载雪和盖草苫方便。

三、花椰菜的栽培方式和茬口安排

不同品种的花椰菜对发育温度的要求各有不同，各地区的气候条件差异更大，所以我国各地花椰菜的栽培季节相差甚大。南方地区几乎可周年播种，周年上市。如长江流域6月下旬播早熟品种，9～10月份上市供应；7～8月份播中熟品种，11月份至翌年1月份上市供应；8月上中旬播晚熟品种，翌年春季至4～5月份上市供应；四季种可在11月中下旬育苗，翌年5月初上市供应。华北地区（以山东为例）主要是春、秋栽培。春季栽培宜于春季生长的品种，一般为中熟品种，抗寒性强者，可于12月底至翌年1月上中旬育苗，3月份至4

月初定植，5月中旬至6月中旬收获。出口花椰菜基本在此期栽培。秋季于7月上中旬育苗，8月上中旬定植，栽培耐热的秋花椰菜品种，可于9月底至10月初上市供应。秋季假植栽培的花椰菜，一般于8月上中旬播种育苗，9月上中旬定植，冬前阳畦保护，新年前后上市供应。

（一）日光温室花椰菜栽培的茬口安排

1. 日光温室冬春茬生产 北纬40°以南地区，节能型日光温室冬季不同加温可以生产各类蔬菜。花椰菜对温度要求不高，对光照度要求也不严格，所以可进行冬春栽培，赶在春节前上市。花椰菜选用耐寒性强的早熟品种，华北地区9月中旬至10月中旬育苗，11月中旬至12月中旬定植，翌年1月上旬至2月中旬收获。如果前茬蔬菜倒地早，还可提前。收获结束后，可以栽培其他喜温果菜。

2. 日光温室早春茬生产 北纬40°以北地区冬季严寒，节能型日光温室花椰菜定植只能在1月中下旬以后，10厘米深地温稳定在5℃时进行。根据定植期往前推70～80天在加温温室育苗。河南北部、河北南部地区花椰菜1月上旬温室育苗，2月中旬定植，4月下旬至5月上旬收获。京津地区，花椰菜1月中旬温室育苗，2月底定植，4月中下旬收获。

3. 日光温室秋冬茬生产 华北地区日光温室秋冬茬花椰菜选用中晚熟品种于8月中旬播种育苗，9月下旬至10月上旬定植，12月中旬至翌年2月中旬收获。通辽地区及吉林省花椰菜7月中下旬播种育苗，8月中下旬定植，11月中下旬至12月上旬收获。河南北部、河北南部地区秋冬茬花椰菜9月下旬播种育苗，10月下旬定植，元旦前后收获。

(二) 塑料大、中棚花椰菜栽培的茬口安排

1. 塑料大、中棚早春茬生产 选用早熟品种在温室育苗，苗期60～70天，按定植期往前推算确定播种期。花椰菜定植期可比大棚黄瓜提早1个月左右，定植期华北地区和辽宁南部可在2月中下旬至3月上中旬，辽宁中北部可在3月中下旬，河南、山东南部可在2月上中旬，吉林省大棚花椰菜2月上旬育苗，3月下旬至4月初定植，6月上中旬收获。河南北部、河北南部地区花椰菜2月上旬阳畦育苗，3月上旬定植，5月上中旬收获。

2. 塑料大、中棚秋茬生产 北方塑料大、中棚春茬生产黄瓜或番茄，一般都在7月末以前拉秧，秋茬可以栽培花椰菜。选用幼苗期比较耐高温的中晚熟品种，7～8月份育苗，苗龄25～30天，8～9月份定植，11月份至翌年1月份收获。各地具体确定播种期，可依品种的生育期，从棚内出现霜冻的日期往前推3～4个月作为定植期，再往前推25～30天作为播种期。

(三)塑料小拱棚覆盖花椰菜栽培的茬口安排

塑料小拱棚短期覆盖主要用于春季提早栽培。不加盖草苫的小拱棚，花椰菜定植可比露地提早7～10天，加盖草苫的可提前15天以上，所以播种期也要相应提前。宜选用冬性强的早熟品种，定植不可过早，过早在长期低温条件下有可能使幼苗通过春化。一般应在夜间畦温不低于8℃时定植，此时定植即使遇到短期寒流低温天气，由于时间短暂，也不至于发生未熟抽薹。如辽宁中北部地区可在1月中下旬在温室播种育苗，3月下旬至4月初定植于不盖草苫的小拱棚中，5月中

下旬采收。华北地区可在 12 月份在风障阳畦或日光温室内育苗，翌年 2 月份定植于盖草苫的小拱棚内，4～5 月份采收。阳畦育苗的要晚播，播早了抽薹率高。宁夏小拱棚可在 12 月下旬育苗，3 月上旬定植，5 月份采收。江苏、河南小拱棚可在 11 月中旬至 12 月上旬阳畦或小拱棚育苗，翌年 1 月中下旬至 2 月上旬定植（盖草苫），4 月上中旬至 5 月初上市。小拱棚短期覆盖也可用于秋延后栽培，如河南北部、河北南部地区秋延后花椰菜可在 8 月中旬育苗，9 月上旬定植，11 月下旬收获。

（四）露地花椰菜栽培的茬口安排

露地栽培是一种开放、经济的栽培方式，花椰菜露地生产有春、夏、秋 3 季。我国北方地区，春花椰菜多在冬季育苗，早春定植在露地，初夏收获。华北地区春季栽培在 1 月上旬温室播种育苗，3 月下旬定植，5 月下旬收获；西北、东北等高寒地区春季栽培在 2 月下旬至 3 月上旬利用阳畦、温室等播种育苗，露地栽培的定植期在 4 月下旬前后。北方地区春花椰菜定植一般在晚秋、初冬或早春播种，温室、阳畦或小拱棚育苗，地膜覆盖露地栽培方式。夏季高山露地栽培在 3 月下旬至 5 月中旬播种，5 月中旬至 7 月上旬定植，7 月中旬至 9 月下旬收获。华北地区秋季栽培在 6 月下旬播种，7 月下旬至 8 月上旬定植，10 月上中旬收获。长江中下游地区以春秋两季栽培为主，春季在 12 月份利用温床或塑料拱棚育苗，翌年 3 月上旬定植，5 月份收获。秋季栽培则在 6～7 月份播种，8～9 月份定植，10～11 月份收获。长江中下游地区在晚秋播种育苗，冬至前定植，露地越冬。宜选用冬性强的早熟品种，种苗的生理苗龄控制在7～8 片真叶，茎基部直径 0.6 厘米以下，以防止未熟抽薹。

尽管各地、各品种播种期不同，但原则是一样的，即应把叶丛形成期安排在温暖季节，而花球形成期安排在凉爽季节，并利用不同的品种特性，错开播种，分期收获。

花椰菜品种间对温度的敏感性差异很大。其中早熟品种最敏感，播种期幅度较狭窄，既不能过早，亦不宜过晚。如秋播过早，花球形成后期温度下降，易使花球表面产生小苞叶，成为毛花，降低产量与品质；如播种过晚，植株叶丛未及充分长成即遇适宜花球形成的凉爽温度条件，于是很快形成花球，因而植株小，花球也小，产量大大降低。中晚熟品种对温度的适应范围较宽，但也应注意适期。

第四章　花椰菜标准化生产的育苗技术

花椰菜标准化生产的育苗技术按照Q/321001BQC 14—2006《无公害花椰菜生产技术规程》执行。

一、花椰菜幼苗生长发育对环境的要求

花椰菜幼苗生长发育包括发芽期、基本营养生长期和幼苗迅速生长期3个阶段。

花椰菜性喜冷凉，属半耐寒性蔬菜。其发芽的最低温度为3℃，最适温度为20℃～25℃，最高温度为35℃；植株生长适温为20℃～22℃；花球在－5℃～－3℃的低温下会受冻害。花芽分化对低温要求不严，早熟品种只要平均气温在20℃以下就能通过花芽分化，但在苗期遇低温就会形成小花球而丧失商品性和降低产量，气温低于8℃生长缓慢。中晚熟品种的花芽分化要求温度较低，故不能在高温季节栽培。否则会形成插叶花球、毛花球和焦蕾。因而花椰菜对播种期的要求较严格。

花椰菜要求光照充足，但对日照长短要求不严。其性喜湿润，但不耐旱、不耐涝，对水分要求较严格，尤其在育苗阶段，防旱和防涝是苗期管理的重点。故要求苗床土疏松、肥沃，保水渗水性能良好。

二、育苗设施的选择

根据栽培季节和方式，可在阳畦、酿热温床、塑料拱棚、日光温室和露地育苗。有条件的可采用电热温床、工厂化育苗。露地育苗要有遮荫、防雨、防虫设施。夏秋季育苗应配有防虫遮阳设施，一般采用 72 孔穴盘育苗。

（一）阳畦育苗

阳畦也叫冷床，用土做畦框，北面夹起大风障，畦面盖玻璃板，夜间覆盖草苫。20 世纪 80 年代后阳畦改为用木杆架在畦框上，用塑料薄膜覆盖，降低了建造费用，管理也比较方便。阳畦育苗在北京和大连地区应用最普遍，常用作花椰菜早春育苗和早熟栽培。

阳畦一般宽 1.8～2 米，长 10～20 米，南框高出地面 5 厘米，北框高出地面 20～25 厘米，东西框成斜坡形。整平畦面，把表土堆放在北侧，封冻前畦内填满乱稻草，覆盖草苫。覆盖薄膜后再盖草苫效果更好。采光阳畦，在北框外距畦面 50 厘米处加上风障（图 4-1）。多数于一排风障前设置一排阳畦。根据地块宽度，多个阳畦连接成一排。

（二）酿热温床育苗

酿热温床是在阳畦的基础上进一步改造而成，是在阳畦床底部铺放一层酿热物，通过酿热物发酵过程中释放出的热量来加热床土、提高育苗床温度的设施。新鲜的马粪、树叶、杂草及铡碎的秸秆都是作酿热物的好材料。

酿热物的配制方法是先把铡碎的秸秆或树叶浸透水，捞

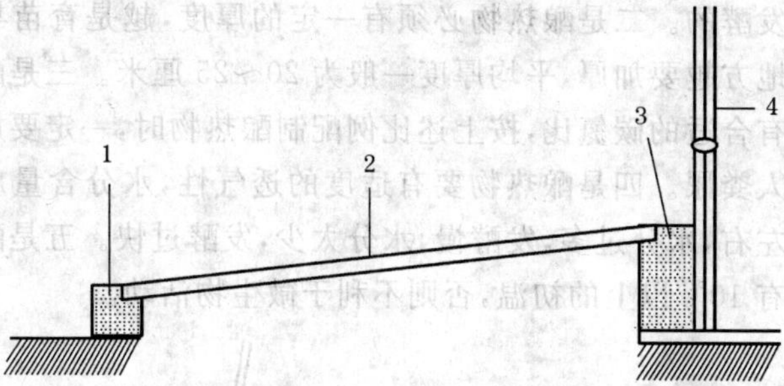

图 4-1　阳畦结构示意图

1. 前框　2. 木杆　3. 后框　4. 风障

出后泼入人粪尿拌匀，再与 3 倍的新鲜马粪混合，堆到苗床内盖膜发酵，待堆内温度上升到 50℃～60℃时，选晴天中午摊开，铺放床底后踩实、整平，其上盖一指厚的土，再撒上一层 2.5％敌百虫粉，填上 15 厘米厚预先配制好的营养土，踩实搂平，床面比地面低 10 厘米。为了使床内土温基本一致，床底宜做成驴脊梁背形。做法是：先在阳畦深 22～25 厘米的基础上再挖深 15 厘米左右，将床底挖成南深北浅，于畦宽靠北墙处最高，南北两边呈自然圆滑坡的驴脊梁背形，南墙根在自然地面以下深约 75 厘米，北墙根在自然地面以下深约 60 厘米，东、西两边也要挖成自然的圆头形，靠墙根最低，在自然地面以下深 70～75 厘米。这样，酿热物在铺满床底搂平之后，便会达到四边厚、中间薄，南边厚、北边薄（图 4-2）。这样可使普通阳畦床温不一致的现象得到矫正。

酿热温床较阳畦性能有了很大的改善。据测定，酿热物厚约 30 厘米的温床，在使用后的 20～30 天里，土温可比阳畦高 4℃～6℃。

设置酿热温床的注意事项：一是使用的马粪必须是新鲜

未经发酵的。二是酿热物必须有一定的厚度,越是育苗早或寒冷地方越要加厚,平均厚度一般为20～25厘米。三是酿热物要有合适的碳氮比,按上述比例配制酿热物时,一定要加入少量人粪尿。四是酿热物要有适度的透气性,水分含量应为75%左右,水分过多,发酵慢,水分太少,发酵过快。五是酿热物要有10℃以上的初温,否则不利于微生物活动。

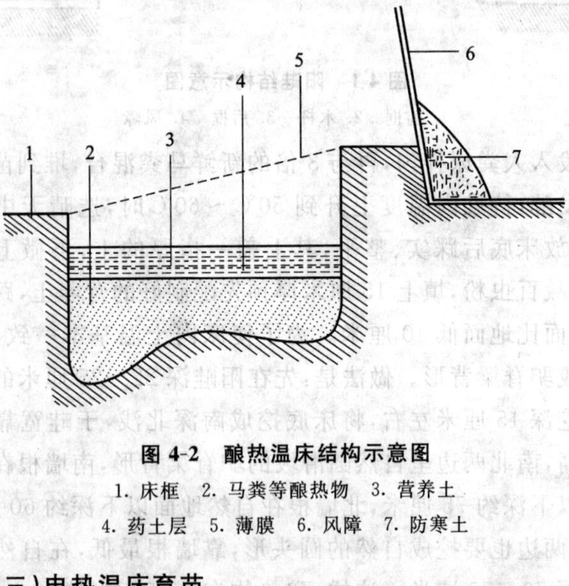

图 4-2 酿热温床结构示意图

1. 床框 2. 马粪等酿热物 3. 营养土
4. 药土层 5. 薄膜 6. 风障 7. 防寒土

(三)电热温床育苗

在苗床底部铺电热线,再铺床土,通电后土温上升。电热线与控温仪配套,可自动控制床温。为了便于管理,电热温床多设置在日光温室或塑料大棚里。每平方米设定功率为80～100瓦,应用800瓦(长100米)或1 000瓦(长120米)的电热线,先计算布线间距和苗床面积。

布线间距＝每延长米电热线的瓦数(瓦/米)/选定的功率

密度(瓦/米^2)

如用 800 瓦电热线,功率密度设定 80 瓦/米^2,则布线间距=8(瓦/米)/80(瓦/米^2)=0.1 米,即布线间距 10 厘米。

苗床面积=每根电热线瓦数/选定的功率密度=800 瓦/80(瓦/米^2)=10 米^2。

然后,做成 10 平方米的苗床,在苗床两端钉上小木桩,把电热线按 10 厘米间距两端挂在小木桩上。挂线由 3 个人操作,1 人持线往返于苗床两端,2 人在两端将线挂在木桩上,线要拉紧。挂完线接上电源,经通电后检查无问题时再铺床土。接电源要按说明书或请电工来操作(图 4-3)。

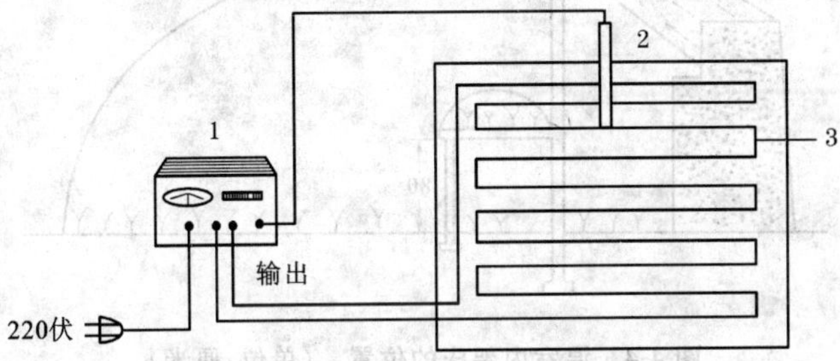

图 4-3 电热温床结构示意图

1. 控温仪 2. 感温头 3. 电热线

(四)育苗架床育苗

架床是温室中边生产边育苗的一种专用设施。它的好处是能有效地利用温室中的光热和空间进行育苗,床温直接受温室气温的影响,容易升高。在基本无人工加温的情况下,严冬季节能育出适龄的喜温蔬菜壮苗。架床育苗多适于温室自育自用。架床育苗的苗床一般设在温室中部的中柱前面,前茬作物是芹菜、韭菜等低矮作物时，育苗床在中柱前呈东西向延长，架于作物之上。前茬是黄瓜等高棵作物时，需在温室中部拔除部分植株，育苗床呈南北排列。在塑料日光温室里，架床高度宜选在离地面0.8～1米处。架床用粗木料架起来，一般宽0.7米，其长度可视摆放的育苗盘多少而定(图4-4)。育苗架床采用东西延长时，育苗盘一般是采取南北向放置。育苗架床为南北延长时，育苗盘采取东西向放置。

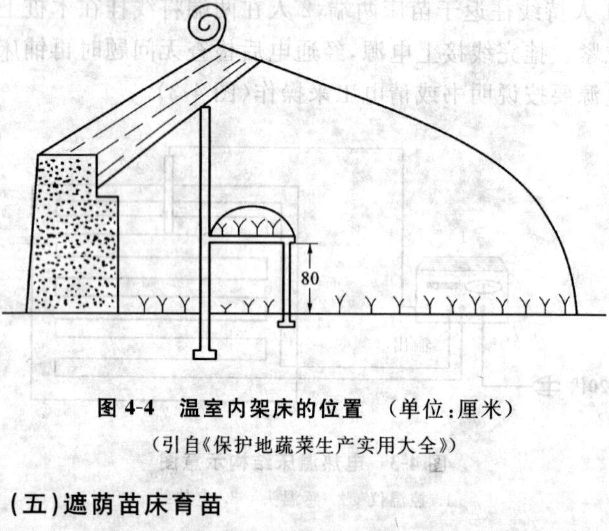

图4-4　温室内架床的位置　(单位:厘米)

(引自《保护地蔬菜生产实用大全》)

(五)遮荫苗床育苗

为了防止强光或暴雨对花椰菜幼苗的伤害，可在露地苗床的单畦或数个畦之上，覆盖遮光、隔雨的草苫、竹帘、苇席、遮阳网及薄膜等物，做成遮荫苗床。遮荫苗床可用于高温多雨季节花椰菜的育苗。

设置遮荫苗床应选择地势高燥、水源充足、排水通畅、土壤疏松肥沃、无病虫害、通风好、管理方便的地块。按畦面宽

1.2 米、长 10～14 米(面积依苗数而定)做成平畦(北方)或 10 厘米高的半高畦(南方),平畦或半高畦沟宽均为 30～40 厘米,以利于苗床管理。做好畦后,施适量充分腐熟的优质农家肥,并与土壤混匀,耙平。播种或栽苗后,就可以覆盖遮阳物。遮荫苗床的形式颇多,所需的材料可就地取材。一般来说,单畦遮荫苗床的棚较矮,1 米左右。数个畦相连的棚架要高些,以 2 米左右为宜。也可以在各种棚架下做苗床,在架上覆盖遮荫隔雨的覆盖物,形成遮阳棚。一般遮荫苗床的形式见图 4-5。

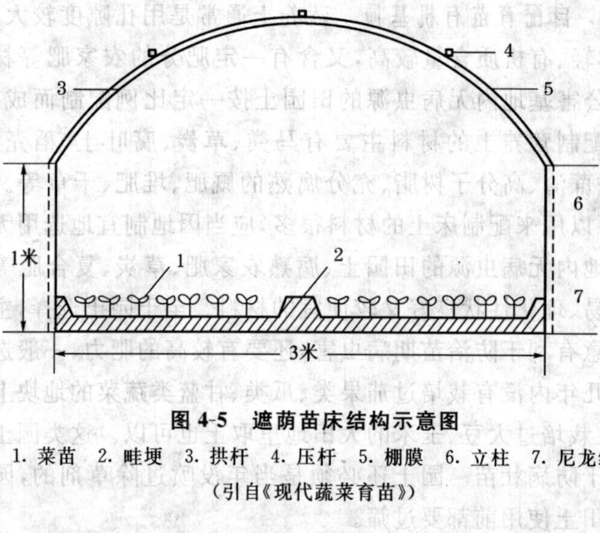

图 4-5 遮荫苗床结构示意图

1. 菜苗 2. 畦埂 3. 拱杆 4. 压杆 5. 棚膜 6. 立柱 7. 尼龙纱

(引自《现代蔬菜育苗》)

三、营养土的配制和育苗床土的消毒

(一)营养土的配制

床土是供给秧苗水分、营养和空气的基础材料,秧苗生长发育的好坏与床土的质量有着密切关系。优良的床土应肥沃、松软、土壤富含有机质,有机质含量以15%～20%为宜,全氮含量占0.5%～1%,速效氮在150毫克/千克以上,速效磷在100毫克/千克以上,速效钾在100毫克/千克以上,pH值为6～7,要求孔隙度约为60%。一般园土中有机质含量只有1%～3%,速效氮不超过30毫克/千克,速效磷不超过20毫克/千克,缺磷少氮是很普遍的。因此,为培育壮苗,必须配制专用营养土。此外,优良床土还应当没有或很少有病原菌和害虫。

1. 自配育苗有机基质 营养土通常是用孔隙度较大、松软、体轻、有机质含量较高,又含有一定肥分的农家肥等材料与无公害基地内无病虫源的田园土按一定比例配制而成的,用来配制营养土的材料主要有马粪、草炭、腐叶土、稻壳、炉渣、甘蔗渣、高分子树脂、充分腐熟的厩肥、堆肥、干草等。总之,可以用来配制床土的材料很多,应当因地制宜地选用无公害基地内无病虫源的田园土、腐熟农家肥、草炭、复合肥等取材容易、理化性状良好又较便宜的材料。至于园土选择,主要应注意有利于防治苗期病虫害,还要有较高的肥力,一般选用在近几年内没有栽培过茄果类、瓜类、甘蓝类蔬菜的地块上挖取,在栽培过大豆、玉米的大田地里取土也可以。这类园土都有利于防病壮苗。园土还必须是当年没喷过除草剂的,园土或大田土使用前都要过筛。

播种床和移植床床土的配方稍有不同。播种床的床土疏松度应稍大些,即农家肥等材料的体积比例较大些,园土的体积比例稍小些,以利于提高土温、保水及幼苗扎根和出苗。移植床的床土疏松度要小些,即农家肥等材料的比例比播种床床土小些,园土比例大些,床土要有黏性,容易成坨,使苗移至大田定植时不易散坨。常用的配方有以下 2 种。

(1)播种床床土配方(按体积计算) 配方 1:1/3 园土,2/3马粪;配方 2:1/3 园土,1/3 细炉渣(无炉灰),1/3 马粪;配方 3:2/5 园土,1/5 河泥,3/10 腐熟圈粪,1/10 草木灰。

(2)移植床床土配方(按体积计算) 配方 1:2/3 园土,1/3马粪;配方 2:腐熟草炭和肥沃园土各 1/2;配方 3:腐熟有机肥堆肥 4/5,园土 1/5。

2. 商品基质 从基质生产厂家购买的穴盘育苗基质。生产厂家利用秸秆或优质泥炭等农林植物残体为主要原料,经多重生化处理和微生物群发酵后,接种 PGPR 菌(生防菌和促长菌),并添加缓释性肥料配制而成。商品基质一般具有养分全面、促进生根、肥力持久、保水和通气性良好、培育壮苗的特点,能均衡地满足花椰菜前期生长的营养需求。在加工过程中已配有花椰菜苗期所需的全部营养,用户只需"播下种、浇上水"即可育出理想壮苗,既适合于农民穴盘育苗,也可广泛用于工厂化育苗。

使用商品基质的优点主要有:一是有可靠的质量保证,高稳定、高有机质含量、高腐殖酸含量,养分适宜。保证幼苗在只浇清水的条件下健康生长 40～60 天,可保证 1 次出苗率达到 95%以上。二是基质配方科学,固体物质含有 65%,有25%的通气孔隙和 50%的持水孔隙,大、小孔隙比在 1∶2～4,Ec 值在 1～3,pH 值在 5.5～7。三是基质营养配方合理,培育的苗壮、根系发达、茎粗壮、不徒长、花芽分化良好,且能提早上市。四是出苗整齐,出苗率高,出苗时间缩短,一次成苗。提高秧苗质量,起苗不伤根,移栽后缓苗快,植株生长发育快,成活率高。五是培育无病菌、无毒害的优质壮苗,有利于防除病虫害,能够有效避免或减少自然灾害的影响。六是在盐碱地采用基质育苗，可克服立苗难，幼苗生长慢等问题。七是缩短在定植田中的生育期，提高土地利用率和增加采收期，提高单位面积产量。八是提早开花、提早成熟，增加早期产量，提早入市，提高经济效益。九是节省用种，缩短苗期，集中育苗，单位面积育苗量多，劳动效率提高，从而大大节约了育种成本。十是秧苗体积小，重量轻，便于运输，有利于提高蔬菜生产的效益。

商品基质的使用方法：第一，装盘。基质倒出后不用加水或加少量清水搅拌均匀装盘。注意基质绝不能拌成泥状使用，以免影响透气度。第二，浇水。将穴盘内基质完全浇透。注意检验穴心湿透为宜。第三，盖土。覆土与基质 1∶1 搅拌均匀覆盖种子。注意绝不能单用土盖种，以免影响发芽率。第四，管理。基质肥药已配适宜，建议幼苗期避免施药，以防药害；夏季保持湿度，冬季不要过干或过湿。严禁用麸皮拌农药撒在苗床内及穴盘上。出苗后穴盘底部不要铺设塑料膜，以免影响地气不通。

(二)育苗床土的消毒

为了防治苗期病虫害，除了注意选用少病源、虫源的床土配料外，还应进行床土消毒，杀灭有害生物。消毒方法有药剂消毒和物理消毒，生产中主要用药剂消毒。

1. 药剂消毒 常用的消毒药剂有五代合剂、代森锌粉剂、40%甲醛和多菌灵等。

(1)五代合剂消毒 五代合剂是等量五氯硝基苯和代森锌的混合物，配成药土使用。按每平方米播种床用五代合剂 7～8 克，与 15 千克床土均匀混合，于播种床浇透水后取 1/3 药土撒于床面上，播种后用另 2/3 作盖土，做到下铺上盖，能有效地防治苗期猝倒病等。但五代合剂对幼苗生长有一定抑制作用，应用前苗床底水要浇透，出苗后注意适当喷水，才能保证幼苗正常生育。

(2)65%的代森锌粉剂消毒　每立方米床土用代森锌60克，与土混拌均匀后用塑料薄膜盖2～3天，而后撤掉塑料薄膜，待药味散后床土即可使用。此法有一定的防病效果。

(3)40%甲醛消毒　能防治猝倒病和菌核病。用0.5%的40%甲醛溶液喷洒床土，混拌均匀，然后堆放，并用塑料薄膜封闭5～7天，揭开塑料薄膜使药味彻底挥发后方可使用。此法多用于播种床消毒。

(4)多菌灵消毒　1000千克需要消毒的土壤或基质加入含有25～30克的50%多菌灵水溶液，拌匀后盖膜密封，经过2～3天，可杀死枯萎病等病原菌；或按每平方米苗床加50%多菌灵20～30克，撒于畦面，翻土拌匀。

最新的土壤消毒剂绿亨1号（中国农业大学植物科技学院研制），对于各种蔬菜、果树的立枯病、猝倒病、根腐病和枯萎病防治效果显著。法国埃尔夫·阿托公司生产的广谱杀菌剂80%喷克可湿性粉剂，是保护性杀菌剂，没有内吸性，用于土壤消毒对幼苗生长安全，如与中草药杀虫杀菌剂混用，具有明显的增效作用。另外，苗菌敌（黑龙江省齐齐哈尔生产），都可以用于床土消毒和配制药土。

2. 物理消毒　物理消毒法有蒸汽、微波、太阳能和火烧法消毒等。欧美和日本常用蒸汽消毒床土，用于防治猝倒病、立枯病、枯萎病、菌核病和黄瓜花叶病等，防效良好。如荷兰用蒸汽把土温提高到90℃～100℃，处理床土半小时。蒸汽消毒的床土在土温降下去以后就可以使用，消毒快，又没有残毒，是很好的消毒方法；微波消毒是用微波照射土壤，能杀灭草、线虫和病菌。如美国研制的功率30千瓦高波发射装置和微波发射板组成的微波消毒机，机具前进速度为0.2～10.4千米/小时，这是一种行走式的微波消毒机，工作效率极高。太阳能消毒法是在高温的夏季，温室和大棚休闲时，将大棚、温室密闭起来，在土壤表面洒上碎稻草和石灰氮。每667平方米需要碎稻草0.7～1吨、石灰氮70千克(如无石灰氮用石灰代替)。使两者与土壤充分混合，做成平畦，四周做好畦埂，向畦内灌足量的水(以畦内灌满水为原则)，然后盖上旧薄膜。这样处理后白天土表温度可达70℃，25厘米深的土层全天都在50℃左右。经15天到1个月，就可起到土壤消毒的作用，同时可有效地除掉土壤中多余的盐分。火烧法是在苗床地上平铺10厘米左右的干草，上面再盖一层干草皮和细土，选晴天点火燃烧，将苗床地全部烧一遍，可杀死大部分的病菌和虫卵。

(三)上 床 土

播种床需铺配制好的营养土8～10厘米，移植床铺10～12厘米。每平方米需营养土100～150千克。床土铺后一定要搂平。

四、种子处理和催芽播种技术

(一)种子消毒处理

有些花椰菜病害是通过种子传播的，真菌、细菌、菌丝体、分生孢子、病毒潜伏在种子内外，菌核混杂在种子中。播种前生产者应对种子进行消毒。

种子消毒可杀灭细菌，使病毒失去活性，有效防止病害发生，并可提高种子发芽率和发芽势，增强幼苗抗性。种子消毒是最重要、最有效、最方便、最经济的病害防治措施之一，能收到事半功倍的效果。针对当地的主要病害可选用下述之一方法消毒。

1. 温汤浸种 把种子放入50℃～55℃热水中，不断搅拌，并保持水温均匀浸泡15～20分钟，水温降至30℃左右时，停止搅拌。浸种时间夏季为6小时，冬季为12小时。温汤浸种是一种比较安全的消毒种子的方法，这种方法可有效杀灭附着在种子表面和潜伏在种子内部的病原菌。

2. 药剂处理 用药剂处理种子的目的是杀灭附着在种子表面的病原菌。先将种子用清水浸泡3～4小时，再放入药液中进行处理，处理后需用清水冲洗干净。

花椰菜种子用72％农用链霉素可溶性粉剂1 000倍液浸种2小时或用种子重量0.4％的50％福美双可湿性粉剂拌种可有效地杀灭细菌性病害。

用10％磷酸三钠溶液浸种20分钟或用0.1％高锰酸钾溶液浸种10分钟可有效地抑制病毒病。

3. 干燥处理 将种子置于70℃干热条件下（如恒温干燥箱）处理72小时可有效地抑制病毒病。

4. 种子消毒过程中的注意事项 温汤浸种时要不断搅拌，使种子受热均匀；同时，根据水温的要求，不断加入热水，保证在规定时间内维持所需温度不变；温汤浸种后的种子，可在冷却的水中继续浸种，也可取出催芽播种，或晾干后直接播种。

药剂拌种要均匀，使每粒种子都蘸有农药；药剂浸种、拌种，其浓度、药量必须按标准要求，浓度不可超高，药量不可增加；药剂浸种后，要用清水冲洗种子，除去种子上的农药，以免播种后产生药害，影响种子发芽和幼苗生长。

(二)浸种催芽

浸种可选用干净的瓦盆、塑料盆或瓷盆。消毒后的种子用22℃～30℃的水浸泡6～8小时后捞出洗净，稍加晾干，要把种子附着的水膜用力甩掉，然后在20℃～35℃下催芽，为促使幼胚迅速发育，催芽时必须保证适宜的温、湿度和氧气条件。当75％左右的种子破嘴或露芽时，停止催芽，待播种。

1. 瓦盆催芽法 将浸种后的种子洗净，用干净的湿布包好，放入垫有秫秸的瓦盆内，以免底部积水而霉烂种子，上面盖上潮湿的麻袋片或毛巾，以保持湿度，然后把瓦盆放在火道或催芽箱内催芽。催芽温度，开始要稍低，以后逐渐增高，当胚根将要突破种皮时再降低。在火道上的种子每隔4～5小时翻动1次，使温度均匀。每天需用温水淘洗1次，去掉黏膜，以免发霉。

2. 掺沙催芽法 将浸泡好的种子与洗净的河沙按1∶1～2的比例拌匀。装在瓦盆里，盆上再盖上湿沙或湿布，放在适宜处催芽。

3. 电热控温催芽法 将掺沙催芽的瓦盆或用湿纱布袋装的种子放入28℃左右电热控温催芽室中保温保湿催芽。每天用清水冲洗1次。这种方法管理方便，出芽日期准确、芽齐、时间短。

(三)播　种

1. 播种期 花椰菜的播种期视品种特性和栽培地区的气候环境条件，南北差异很大。应根据栽培季节、育苗手段和壮苗指标选择适宜的播种期。

2. 种子质量 花椰菜种子应选籽粒圆整、饱满、大小一致、具有光泽、无杂质的当年种子。花椰菜种子的纯度、净度、发芽率、含水量指标应达到 GB 8079 中的一级良种或符合 GB 16715.4—1999 中 2 级规定以上的要求，即品种纯度 96％、种子净度 99％、种子发芽率 95％、种子含水量 8％。

3. 播种量 蔬菜育苗每 667 平方米的用种量由下列因素决定：一是每 667 平方米地用苗株数。二是每克种子粒数。三是安全系数(出苗数与定植数的比值)。四是种子用价(净度×发芽率)。五是有效出苗率(有效出苗数占种子用价的比率)。

$$\text{每 667 平方米种子用量(克)}=\frac{\text{每 667 平方米苗数}\times\text{安全系数}}{\text{每克种子数}\times\text{种子用价}\times\text{有效出苗率}}$$

花椰菜种子每克 250～400 粒不等，每 667 平方米定植株数各品种间差距较大，早熟品种 3 000 株左右，中熟品种 2 200 株左右。用种量确定应视具体的种子大小、品种要求的种植密度而定，一般用种量为 15～30 克/667 平方米。播种后 2～3 天出苗。花椰菜的苗龄为 30～60 天，秧苗有 5～6 片真叶便可定植，见表 4-1。

表 4-1 花椰菜播种期及品种选择

季 节	栽培地区	种植方式	播种期	品 种
冬春季	华北	塑料拱棚	11月中下旬	早熟品种：日本雪山 2 号、米兰诺春早、耶尔福 晚熟品种：福州 100 天、福州 120 天、同安城场 100 天、同安乌叶 100 天、上海杂交 100 天、石狮 140 天花菜、龙牌 110 天花菜
		露地	12月下旬至翌年1月上旬	
		日光温室	1月上旬	
	长江流域	日光温室	8月至10月上旬	
	东北	日光温室、电热温床或阳畦中育苗	2月下旬至3月上旬	

续表 4-1

季节	栽培地区	种植方式	播种期	品种
夏季	南北均宜	长江流域播种	6月下旬至7月上旬	福州40天、福州50天、厦花40天、台湾庆农40天、台湾庆农50天、同安矮脚50天、泉州粉叶60天、白峰、夏雪、香港的雪美45天、喜美60天
		黄河流域及河北、辽宁、吉林	6月中旬	
		南方广东、广西	7月中下旬	
秋季	华北	露地	6月中下旬	福州80天、福农10号、泉州粉叶80天、庆农荷兰雪球、厦花80天、同安田边80天、温州80天、庆农80天、90天、日本雪山
		秋延后	7月上中旬	
		日光温室	8月中旬至12月上旬	
	长江流域	露地	7月中下旬至8月上中旬	
	东北	塑料拱棚	6月上旬至7月上旬	

4. 播种方法 花椰菜冬春、春提早栽培需在温室、大棚、温床或阳畦里播种育苗，秋延后、秋冬栽培可在遮荫苗床、阳畦、拱棚里播种育苗。夏、秋季露地育苗也可用干籽播种。

(1)撒播至苗床 每平方米苗床花椰菜播种2～3克，根据用种量准备苗床。播种宜在晴天上午进行。在整平苗床后，稍加镇压，刮平床面，浇足底水，湿润至床土深10厘米。水渗后，先在畦面薄薄撒上一层干细土，找平床面，而后均匀将种子撒播于苗床上。播种后盖土0.8～1厘米，可用药土盖，防猝倒病和立枯病。冬季或早春育苗可盖地膜保温、保湿，秋季育苗可盖草保湿。

(2)直播至穴盘 当催芽种子70%以上破嘴(露白)即可播种，先将穴盘内有机基质浇足底水，水渗下后用有机基质薄撒一层，找平穴盘表面基质，而后将种子直播至穴盘孔穴中，播种后覆盖有机基质0.8～1厘米。

五、苗期管理技术

(一)播种后至移植前的管理

春季栽培育苗应防冻，秋季栽培育苗需遮阳网降温。保持苗床湿润，根据苗情适当追施肥水。冬春育苗播种后出苗前苗床无须通风，以尽量提高苗床温度，使苗床温度保持在20℃～25℃，以促进发芽出苗。出苗后及时揭去地膜或草苫，开始通风降温，以利于幼苗茁壮成长。因为花椰菜出芽后真叶破心前易徒长，白天气温以18℃～20℃为宜，夜间气温为10℃左右，不低于8℃。从第一片真叶展开到幼苗移植前，白天温度不超过20℃，阴天不超过15℃。此期外界温度较低，一方面要注意防寒保温，勿使幼苗受冻害，另一方面也要注意苗床通风，勿使白天温度过高。草苫早揭晚盖，尽量延长幼苗见光时间。如果从保温好的设施移植到保温较差的设施内，移植前3～5天应炼苗，白天温度为15℃，夜间为5℃左右。地床播种的，如底水充足可不用浇水，苗盘播种的易干旱，应适当喷水，如发现幼苗有猝倒病和立枯病，应抠去病苗及病苗根部的床土，并用药土消毒。夏秋育苗时值高温季节，易旱易涝，苗床应遮荫降温、防暴雨，并注意适时浇水，防止干旱。苗期温度管理见表4-2。

表 4-2 苗期温度管理

时　　期	适宜日温(℃)	适宜夜温(℃)
播种至齐苗	20～25	15～18
齐苗至分苗	16～20	8～12
分苗至缓苗	18～22	12～15
缓苗至定植前 10 天	15～18	6～10
定植前 10 天至定植	5～8	4～6

(二)分苗移植

移植前应先准备移植床。冬、春保护地栽培,移植床应设在保护地内,可依据当地气候条件,选用温室、大中棚、温床或阳畦等。在幼苗 2 片真叶时选晴天移植。移植前原苗床浇透水,尽可能带土移植。栽植密度为行距 15～18 厘米,株距 12～15 厘米。栽植地要浇足水,如果用 10 厘米×10 厘米塑料钵或纸钵移苗更好。也可带土坨移植,要增加土壤的黏性,以防止散坨。夏秋育苗的,移植床设在露地,须有遮荫、防雨设施。

(三)移植后苗期的管理

1. 春茬花椰菜苗期管理　春茬花椰菜育苗一般在日光温室或阳畦内进行。移植后 4～5 天为缓苗期,白天不通风,以保持较高的温度,使之利于缓苗。白天气温保持在 20℃左右,夜间气温为 12℃～13℃。经 3～4 天缓苗后,再把温度降下来。白天温度为 15℃～20℃,夜间不低于 10℃。在秧苗生出 4 片真叶后,可追施 1 次氮肥,按每平方米施入 20 克硫酸铵,随后喷水。一般不旱不浇水,浇则浇透。浇水后注意通风排湿，并及时中耕松土。定植前7～10天，对移植地床浇水切块，逐渐降温进行炼苗，使环境条件达到定植时的生态条件，以增强其适应能力。北方塑料大棚、中棚早春茬花椰菜炼苗时，秧苗温度应逐渐降至8℃～15℃，并给予短时间2℃～5℃的低温锻炼，以防低温寒潮的危害。

2. 塑料小拱棚苗期管理 春季花椰菜地膜覆盖早熟栽培可以用塑料小拱棚育苗。一般在2月下旬至3月上中旬把原苗分到夜间有覆盖物的小拱棚中，缓苗期间闭棚保温，中午最高温度超过25℃时，覆盖几个草苫遮荫降温，午后温度降至20℃～18℃时，撤去草苫见光，温度降至12℃～10℃时，覆盖草苫保温。过3～4天缓苗后，白天温度不超过20℃，夜间不低于10℃。小拱棚一般南北向，育苗时期常有北风，所以通风宜通两侧底风，并且两侧通风口不能正对，而应斜对，通风口先小后大，通风量由少到多，至定植前昼夜大通风。通底风一定要缓，不能急，以防止“闪苗”，通风口的位置每隔3～5天改变1次，以防止温度不均使秧苗生长不一致。如果扫地风强，则应通顶风，即扒开拱顶薄膜接口通风。

3. 保护地秋冬茬、秋茬苗期管理 保护地秋冬茬、秋茬花椰菜栽培一般于7～8月份播种育苗，此时正是高温多雨季节，应有苗床遮荫设施，播种后苗床盖草保湿。由于气温高，水分蒸发快，苗床易板结，应每天适当喷水。幼苗出齐后覆盖一层细湿土，可防止土壤板结和裂缝，以利于幼苗生长。注意苗床保湿，需要给水时应于傍晚喷水。注意防治黄条跳甲，可用敌杀死、敌敌畏等喷杀。幼苗2叶1心时移植。移植后主要注意水分管理，畦面要见干见湿。于4叶时追施1次氮肥。遮阳物逐渐撤去，使秧苗在定植前能适应正常光照环境。苗期易遭受菜青虫、蚜虫为害，要及时防治。此外，每隔7～10

天用瑞毒锰锌及农用链霉素交替使用，可以预防苗期病害。

六、壮苗标准

花椰菜壮苗标准是苗龄30～50天，株高约15厘米，早熟品种有5～6片真叶，中晚熟品种有6～8片真叶，节间短，叶柄短，茎粗壮，叶片肥厚，开展度大，叶色浓绿，蜡粉多，根系发达，须根多，无病虫害，无机械损伤。定植后缓苗和恢复生长快，对不良环境和病害抵抗能力强。

徒长苗与壮苗相比，下胚轴较长，节间较长，茎较细，叶片大而薄，叶色浅，叶柄长，蜡粉较少，侧根较少，有的染病。老化苗与壮苗相比，下胚轴短，节间很短，叶片小而厚，叶色深，根系短。

第五章　花椰菜标准化栽培管理技术

一、花椰菜定植技术

(一)定植前的准备

花椰菜属喜肥耐肥蔬菜，其根系主要分布在耕作层中，不能利用深层土壤中的养分，因此要求土壤肥沃，且保水保肥力好。冬前深耕晒垡，早春结合春耕每667平方米施入农家肥5000～6000千克，加过磷酸钙30～50千克、草木灰100～150千克，或复合肥25～50千克，并且每平方米可施用硼砂0.6～1.2千克，钼酸铵或钼酸钠1.2～1.5千克。粪肥混匀后60%撒施，然后将土壤深翻30厘米，另40%粪肥在做畦(垄)时沟施。冬春、早春栽培一般用畦作，畦宽100～120厘米，如果采取地膜覆盖栽培，也可做成高畦(畦高15厘米)，或高垄(垄距55～60厘米)，覆盖地膜。

无公害花椰菜栽培，基肥可选用农家肥(堆肥、厩肥、沼气肥、绿肥、饼肥等)、生物菌肥(腐殖酸类肥料、根瘤菌肥料、磷细菌肥料、复合微生物肥料、生物磷钾肥)、矿质肥料(矿物钾肥、硫酸钾、矿物磷肥等)、微量元素肥料、骨粉、氨基酸残渣、糖厂废料、家畜加工废料等。无公害蔬菜栽培要求以农家肥为主，辅以其他肥料，并且农家肥主要作基肥。所以，要重施基肥，农家肥必须充分发酵腐熟，不含病原菌和害虫。如用EM液制备堆肥，杀菌效果更好。

(二)定　植

1. 露地栽培

(1)春花椰菜　我国北方地区,春花椰菜多在冬季育苗,早春定植在露地或塑料棚内,初夏收获。

①适时定植　露地春花椰菜定植适温是地下 10 厘米处地温稳定在 5℃、日平均气温在 10℃左右,华北地区定植适宜时间是 3 月下旬至 4 月上旬,过早定植遇强寒流,其生长点易遭受冻害。

②定植密度　早熟品种为畦宽 1.2 米(带沟),每 667 平方米株数 2 600～3 000 株,株行距均 0.4～0.5 米。中熟品种为畦宽 1.3 米(带沟),每 667 平方米株数 2 200～2 600 株,株行距均 0.5～0.55 米。晚熟品种为畦宽 1.3 米,每 667 平方米株数 1 800～2 000 株,株行距均 0.55～0.60 米。

③定植方法　5～6 片叶时进行定植。起苗时尽量多带土,防止散坨断根,影响缓苗,导致先期现蕾。栽苗时每穴用少量草木灰、火烧土或适量化肥作定植肥。

(2)秋花椰菜

①适时定植　华北地区定植时间为 7 月中下旬至 8 月上旬。早熟品种 6～7 片叶,中熟品种 7～8 片叶,晚熟品种 8～9 片叶为定植适期。

②定植密度　早熟品种每 667 平方米株数 2 500 株左右,中熟品种每 667 平方米株数 1 800～2 000 株,晚熟品种从定植至收获 120～130 天,每 667 平方米株数 1 400～1 600 株;150～180 天的晚熟品种每 667 平方米株数 1 100～1 300 株。由于各地栽培管理水平不同,要求种植密度也不同,各地应视当地具体情况选择最佳种植密度。栽培时间较久,经验

丰富，管理精细的地区，种植密度可稀些，以争取单株充分生长，达到提高总产量的目标；反之，通过适当密植，可提高总产量，但花球较小且薄，品质稍差。

③定植方法　早熟品种以做成高 25～30 厘米、宽 1.3 米左右的畦为宜，中晚熟品种畦宽 1.5 米左右，一畦双行。定植时间选早晨或傍晚，菜苗最好随起随种。

2. 保护地栽培

(1)小拱棚早熟栽培　3 月上中旬，当地表解冻后即可定植。一般宽 1.2～1.5 米的平畦栽 3～4 行，株距 35～40 厘米。定植前挖好定植穴，再把带土坨的幼苗放入穴中，然后埋土，使根与土密接，促发新根，随栽随支拱架并盖膜。

(2)大棚或中棚春花椰菜栽培　3 月上旬定植于棚内，如棚内设置小拱棚等多层覆盖的，可于 2 月中下旬定植。早春定植前 20 天左右扣膜烤地，提高棚内地温。整地做畦，畦宽 1.2～1.5 米，畦面上平铺地膜，每畦栽 3～4 行，株距 35～40 厘米。定植前挖好定植穴，再把带土坨的幼苗放入穴中，然后埋土，使根与土密接，促发新根。

(3)秋延后花椰菜大棚栽培　于 8 月上中旬定植，苗床先浇水，以利于带土起苗，保护根系，防止散坨。行株距为 53～57 厘米×46～50 厘米。

(4)秋冬茬花椰菜日光温室栽培　华北地区于 9 月下旬至 10 月初(幼苗 5～6 片真叶)定植，行株距为 30～35 厘米×45～50 厘米。

(5)冬春茬花椰菜日光温室栽培　华北地区于翌年 1 月上旬定植于温室。定植时，用喷壶浇水，以湿透土坨为宜，切忌大水漫灌或满畦灌，以免降低土温。因为地温过低，浇水量过大，会造成幼苗发黄，根系生长减慢，缓苗时间延长。

二、花椰菜栽培管理技术

栽培管理主要是做好水、肥、中耕及必要的遮花措施等。有的农民形象地将管理要点概括为“四肥、三水、中耕花”。

(一)灌溉技术

1. 苗期　花椰菜苗期要控制水分,宜在晴天傍晚浇水。

2. 莲座期　定植后马上浇第一次水,称之为定植水,浇过定植水 4～5 天后,依土壤干湿状况再浇缓苗水(当基肥不足时,可在缓苗水中加肥,促进外叶生长)。早熟品种定植时正处于夏季干旱季节,需早、晚各浇 1 次水,连浇 3～4 天至秧苗成活;中晚熟品种定植后视气候状况,以傍晚浇水为主,如遇干旱,上午增浇 1 次,连浇 3～4 天至秧苗成活。生长旺期浇水要充足,雨后要及时松土除草。

3. 结球期　出现花球后 5～6 天浇第一次水,出现花球后要保证水分供应。平时土壤宜保持湿润,逢干旱天气,叶片因干旱而萎蔫时要及时浇水,待畦湿透后排水,3～4 天进行 1 次,以保证花球质量。收获花球前 5～7 天停止浇水。

(二)施肥技术

根据无公害农产品施肥原则和花椰菜生长发育的规律,应积极推广使用优质有机肥,并根据花椰菜对各种微量元素的需要,配制专用配方肥,减少和控制氮化肥的用量,使花椰菜达到无公害农产品质量标准。

1. 施足基肥　每 667 平方米施腐熟有机肥 2 000～2 500 千克、人畜粪肥 750～1 000 千克、蔬菜专用复混肥 50～70 千克，全耕层深施，筑深沟高畦。

2. 轻施苗肥 定植4天后施第一次肥，每50升水加尿素100～150克，以后每隔1周施1次，每次增加尿素50克。

3. 施好“莲座肥” 莲座期浇水施肥，每667平方米施尿素15～20千克。如果此期缺肥，会造成营养体生长不良，花球早出而且易散球。

4. 巧施结球肥 花椰菜开始结球时每667平方米施氯化钾10～15千克、尿素10～15千克，以后每隔10天施1次，共施3次。在花球膨大中后期可喷0.1%～0.5%的硼砂水，每隔3～5天喷1次，共喷3次，或喷0.5%～1%的尿素，或喷0.5%～1%的磷酸二氢钾溶液。早熟品种施肥次数可少些，采收前15天停止施肥。

（三）设施温度调节技术

1. 小拱棚早熟栽培 幼苗于小拱棚定植后，应闭棚7天左右，高温、高湿有利于幼苗缓苗扎根。当缓苗后及时通风，使白天棚温保持在20℃，夜间保持在10℃，不低于5℃。3月下旬至4月上旬要逐渐加大通风量，以防止高温下植株徒长，白天保持在18℃左右，夜间保持在13℃～15℃。当外界最低温达8℃～10℃时，可进行昼夜通风，逐渐加大通风量直至撤棚。小拱棚覆盖只需30天左右，约4月中旬揭膜撤棚，转为露地生产。撤棚后的管理同露地栽培。

2. 大棚或中棚春花椰菜栽培 定植后注意防寒保温，下午4时至翌日上午9时，棚的四周要围草苫，7～10天内适当提高棚温，白天温度保持棚温在25℃～28℃，夜间在13℃～15℃，一般不通风；缓苗后降温蹲苗7～10天，白天保持在15℃～20℃，夜间在12℃～13℃。开始通风时，以通顶风为主，以利于排湿降温；棚温超过22℃时，应棚顶和棚边一起通风，棚内温度控制在25℃以下，以防徒长。结球期控制在18℃～20℃，外界气温达到10℃以上时要昼夜大通风。需要注意的是，花球出现后控制温度不要超过25℃。

3. 秋延后花椰菜大棚栽培 定植后，9月中旬以前大棚处于"天棚"状态，作物处于露地生长。9月中下旬后盖棚膜，或把四周棚膜放下，白天打开通风口，通风时间较长，保持在18℃～20℃，夜间在10℃左右。10月中旬以后，温度逐渐下降，夜间应把棚四周围上草帘，最低温度保持在5℃以上，可短时间出现1℃～2℃的低温。

4. 秋冬茬花椰菜日光温室栽培 9月下旬至10月初扣上薄膜，扣棚后前期白天棚温较高，应注意降温，白天保持在20℃～22℃，夜间在10℃～15℃；傍晚室温降到15℃左右时，关闭温室风口。随着气温逐渐下降，需注意保温，并加强采光管理。11月中旬左右，室温降到10℃左右时开始盖帘。花球开始膨大时，白天保持在18℃～20℃，并加强通风，夜间保持在10℃～12℃，清晨不低于8℃。与春茬栽培相比，秋冬茬不用担心后期高温而导致散球，但须注意保温，室温最好保持不低于8℃。秋冬茬花椰菜一般于12月中旬左右开始收获上市，管理得好可于12月上旬收获。

5. 冬春茬花椰菜日光温室栽培 从12月中旬至翌年1月中下旬，正处于低温期，温室内白天应保持在20℃左右，夜间在10℃～13℃，短时间5℃左右。中午温度不超过25℃时，不用通风，每周选2天晴朗的好天气于中午通风1小时，以交换温室的气体。2月上旬后，地温、气温回升，可逐渐加强通风，保持花球膨大所需适宜温度，防止白天20℃以上高温持续时间过长，夜间保持在10℃～13℃，以免影响花球膨大速度。

(四)其他管理技术

1. 及时中耕 浇缓苗水后，待地表面稍干，即进行中耕松土，连续 2～3 次，先浅后深，以提高地温，增加土壤透气性，促进根系发育，结合中耕适当给植株培土，以防后期植株倒伏。

2. 适时遮花 花椰菜的花球在阳光直射下，由白色变成淡黄色，甚至变成绿色或成为“毛球”，从而使品质降低。为此，当花球直径在 8～10 厘米时，要盖花防晒。具体方法是：可折倒花球外不同方向的 3 个大叶片盖住花球，或将植株外叶扶起，中腰扎住遮光，使花球保持洁白。

三、其他栽培技术

(一) 冬季假植栽培技术

利用晚播育苗培育的未成熟植株，在严霜来临前假植在阳畦内，使其在冬季缓慢生长成熟，供应冬春季节的栽培方式为冬季假植栽培。这种栽培方式经济效益较高，对缓解冬季蔬菜淡季供应紧缺有很大意义。

用于假植栽培的花椰菜，最好选用荷兰雪球等中熟或中晚熟品种。山东地区多于 8 月上旬播种育苗，9 月上中旬定植，10 月中下旬开始现花球。秋季田间管理同秋季栽培。

假植前先将花椰菜植株用细草绳束叶，以减少移株、运输及操作时的机械损伤，并做到少伤根多带土。山东地区多在 10 月下旬至 11 月上旬进行假植。假植时，在阳畦内开沟，将花椰菜植株靠紧,栽好覆土。一般田间 2～3 畦可栽 1 个阳畦,栽后立即浇水。

假植后天气不太冷,夜间可只盖草苫,白天揭苫,使植株见阳光。当夜间外界温度降到－5℃～－4℃时,再加盖一层塑料薄膜。畦内温度白天保持在 15℃～20℃,夜间在 8℃～10℃。待花球基本长成后,适当降低畦温,夜间以保持 2℃～5℃为宜。畦上覆盖草苫和塑料薄膜时,需用竹竿支撑,不要直接压在植株上。假植时要通风排湿,直至 1 月份,可随时收获上市。

(二)秋花椰菜再生栽培技术

根据花椰菜的生长习性,花椰菜秋季栽培中,在花球收获后,可进行再生栽培,这样大大延长了收获期。再生后的花椰菜茎秆粗壮,生长速度快,一级花椰菜率提高 10%以上,每公顷产花椰菜 33 000 千克以上,增值 100%。这样,既节约了种子,又减少了花椰菜育苗栽培过程和劳力投入,调剂了花椰菜淡季余缺,是一项花椰菜高产高效的栽培新措施。

1. 品种选择与栽培方式 再生花椰菜的品种要求花球坚实,色泽雪白,品质好;生长势强,耐热、抗病、抗逆能力好;再生力强,尤其是对反差性气候适应能力强。一般应用日本雪山花椰菜。

平畦栽植易造成土壤板结,根系活力差,影响花椰菜的再生产量和再生能力。应采取宽垄双行栽培法,垄宽 70～80 厘米,垄高 10～13 厘米,株行距为 45 厘米×50 厘米,每公顷栽苗 45 000～52 500 株。

2. 整地施肥 秋茬花椰菜生长的强弱,对再生花椰菜的丰产起着决定性的作用。因此,秋茬花椰菜应选择有机质丰富、土壤疏松肥沃、排水方便、保肥力好的地块，土壤 pH 值要求在 6～6.7。

秋花椰菜生长期正是夏秋高温多雨季节，应按花椰菜生长期间需要肥料的数量少施勤施。这样，既能杜绝因雨多造成的肥料流失，又能满足花椰菜生长周期的正常营养供应，使花椰菜苗壮、茎粗、花球大。每公顷施 45 000～60 000 千克腐熟的圈肥作基肥。侧芽生长初期每公顷施三元复合肥 300 千克；茎叶生长期和花芽分化期施复合肥 450 千克；现球期施尿素 225～300 千克。

3. 再生方法与管理 华北地区在 10 月中下旬秋花椰菜采收后，保持花椰菜外轮叶 3～5 片，剪去上端部分(一般离地面 4～7 厘米处)。用 600～800 倍百菌清液等杀菌剂对再生后的花椰菜茎部顶端喷洒 1 次，以防细菌性病害的侵入。隔日用 80×10^{-6} 赤霉素溶液喷洒植株茎部，3～5 天后补喷 1 次，促其茎部发芽。20 天左右在主根叶轮下分化出数量不等的腋芽。此时去掉老叶，待腋芽长至 2～3 片真叶时，每株留 1 个粗壮腋芽，其余则全部去掉。

花椰菜植株再生后，全面深锄，深度以 15～20 厘米为宜。截掉部分老弱根，促使新根系再生。深锄后，在垄背上开深 15～20 厘米、宽 20～25 厘米的沟，每公顷沟内施入 450 千克复合肥，埋好耙平，而后在花椰菜幼苗基部培土起垄，以埋至基部叶片为准。

再生后的植株可采取蹲苗的方法，尽快促进再生后的侧芽根系发育，使其旺盛生长。具体措施如下。

第一，及时盖棚，盖棚时间以霜降前后为宜。

第二，合理调节温度，侧芽生长适温为 15℃～25℃；花球生育期适温为 14℃～18℃。随时加盖草苫，确保花椰菜在适宜的棚温中健壮生长。

第三，适时浇水，要求土壤湿度为 70%～80%，空气相对湿度为 85%～90%。

第四，合理施肥，在增加人粪尿施入次数的同时，每公顷追尿素 225 千克，硫酸钾 337 千克，整个生育期追肥 4～5 次，每隔 10 天 1 次。

第五，根据花椰菜的生长状况，在追肥的同时每公顷施入硼砂 120 克，注意病害防治。

4. 采收 花球基部的花枝略有松散即为采收适宜时间。采收时花球外留 3～5 片小叶，避免花球损伤。一般 4～5 天采收1次。

四、常见生理障害及其控制

（一）结小花球或先期现球

已届收获期但花球很小，达不到产品收获或出口标准；营养体未充分长大即先期现球，花球小，甚至只有豆粒状般大，致使产量很低。

1. 原因 一是苗期或刚栽植后遇长期低温或不良条件，如春季栽培播种过早，长期低温，肥料缺乏，干旱，株体受伤（包括分苗、中耕时伤根）等，会使植株生长受到抑制，诱发提前形成花芽，早期现蕾，形成膨大不良或过小的花球。二是秋播品种用于春播。秋播品种属于秋季生态型，多为中早熟品种，其冬性弱，在较高的温度、较短的时间内即可通过春化阶段，作春播用容易通过春化阶段，而引起先期现球，此时营养体不大，营养不足，形成的花球也就会较小。三是秋季播种过晚，此时温度渐低，叶丛未能充分长大即通过春化阶段，于是很快形成花球，由于营养体小，花球也小。播种陈旧种子、不饱满的种子和有病害的种子，萌发的幼苗生长势弱，茎叶不旺盛，通过春化阶段后，由于营养不良，也会形成小花球。

2. 防止措施 了解品种特性，正确选择品种，注意适期播种。改善栽培管理措施，幼苗期温度不宜过低，及时供应肥水，使植株在一定的生长期限内完成营养生长。

（二）多叶和毛花球

1. 原因 多是采收过迟，或遇到较高温度而引起花芽进一步分化，花芽分化时适宜温度为 15℃～18℃，植株生长正常，但花芽分化后，连续出现 20℃以上的长期高温，植株会从生殖生长返回营养生长，在花球中间长出许多小叶，促使花柄伸长、萼片等花器形成，花球也松散，花球表面长出许多茸毛，使花球品质下降。这种情况，在高温、多肥、品种不纯或栽种不适于当地气候的中晚熟品种中易发生。花球成熟期中遇大雾也易发生，早熟品种更易发生毛花现象。

2. 防止措施 根据品种特性，适期播种和定植，加强肥水管理，适时采收等，可以减少毛花的产生。

（三）青　花

青花是指花球产生绿色的小苞片、萼片、小花蕾等不正常的现象。

1. 原因 多是在花球形成期受连续的高温天气影响而造成的。

2. 防止措施 应适当调节好播种期。

(四) 紫 花

紫花是指花球表面有不均匀紫色的现象。

1. 原因 一是在花球临近成熟时突遇低温，花球中产生花青素所致。二是与品种特性有关系，幼苗胚轴紫色的品种易发生。三是秋季栽培收获太晚易发生。

2. 防止措施 适期播种，适期收获。

(五)散 花 球

散花球是指花球没有长大，花球枝梗伸长和散开，致使花球松散。

1. 原 因 一是品种选用不当。南方品种引入北方栽培或秋播品种、冬性弱的品种做早春栽培易通过春化阶段，还没有长到一定的营养面积就抽薹散球了。二是采收不及时。在适宜的温度条件下，优良的花椰菜品种形成洁白、光滑、坚实的幼嫩花球，应及时采收。否则，花球边缘会散开，特别是温度过高(24℃以上)时，花球表面易凹凸不平。三是幼苗培育措施不当。花椰菜苗期受干旱或受较长时间的低温影响，幼苗生长受到抑制，甚至形成老化苗，定植后易出现散球。苗期营养面积太小，分苗次数太多，幼苗生长弱，也易散球。四是定植期不合理。花椰菜叶片的适温为 8℃～24℃，如定植过早易受低温、霜冻的影响而延长缓苗期，甚至被冻坏，叶片长不起来，花球很小，易散球。花椰菜花球生长适温为 15℃～18℃，如果定植过晚，花球生长期温度过高，花枝也会迅速伸长而散球。五是肥水不足。花椰菜是喜肥、喜湿蔬菜，只有花椰菜的莲座叶生长良好，形成一个较大的营养体，才能长成一个好的花球。如果肥水条件不足，营养体瘦小，花球也小，而且还会散球。现花后，土壤过于干旱，一般也会散球。

2. 防止措施 一是选用适于当地春季栽培的品种。从生产实践来看，瑞士雪球、法国花椰菜、日本雪山等品种均适于北方栽培。二是用营养钵、塑料袋育苗。营养钵和塑料袋应当大些，直径不应小于8厘米，苗期应满足其对水分和温度的要求，白天温度保持在13℃～24℃，夜间保持在10℃～12℃，防止干旱，使其育成5～6片叶，叶片较大较厚、茎粗节短、根系发达的壮苗。三是适期定植。四是满足花椰菜对肥水的要求。

（六）污斑花球

1. 原因 花球生长过程中受暴晒、虫粪、污土、污肥污染，会造成污斑花球。有时缺乏某些矿质营养，如缺硼，会使球周围小叶异状，球内茎横裂成褐色湿腐；有时花球表面呈水浸状，严重时初期顶芽坏死，如缺钾，会产生黑心病。

2. 防止措施 及时折叶、束叶遮光，及时防治病虫害，增施微量元素等。

（七）不 结 球

花椰菜只长茎叶，不结花球，造成绝产或大幅减产。

1. 原因 一是秋播品种播种过早，因气温高，幼苗没有经受低温环境，未能通过春化阶段，只生长茎叶，而不结花球。二是春播品种用于秋播，春播品种冬性强，其通过春化阶段要有较低的温度条件，如用于秋播，则难以通过春化阶段，而不能结花球。三是春播品种播种过晚，因气温高，植株不能完成春化阶段，而不能结球。四是营养生长期供应氮肥过多，植株营养生长过旺，没有蹲苗，造成茎叶徒长，大量的营养用于茎叶生长，致使花球不能形成，或过早解体。

2. 防止措施 一是正确选用品种，适期播种。二是创造通过春化阶段的条件。三是适当追肥。四是进行蹲苗等。

第六章　花椰菜病虫草害标准化防治技术

花椰菜的生长期大部分在夏秋季节，这个时期病虫草害发生较为严重。根据国家无公害农产品生产的要求，一是推广农业防治技术，采取人工松土防除草害。二是采用物理防治方法，积极推广使用杀虫灯。三是在搞好预测预报的基础上，推广使用百草一号、Bt 乳剂、杀虫素等生物农药，科学合理地推广氰戊菊酯、抗蚜威等高效、低毒、低残留农药，同类农药应交替使用，使用药剂防治应符合 GB 4285、GB/T 8321 的要求，并严格执行一种农药在 1 个生长期只使用 1 次的原则及农药使用安全间隔期，严禁使用高毒、高残留的农药。

一、花椰菜主要病害及其防治

(一)猝倒病

1. 危害症状　种子发芽后出土前染病，近于表土处的幼苗茎部出现水浸状病斑、变软，病部缢缩成线状，迅速扩展绕茎一周，幼苗倒伏枯死。

2. 发病规律　病原为瓜果腐霉菌。病菌能在土壤里营腐生生活，其卵孢子或菌丝体在病残体上或土壤中越冬，能存活 2～3 年，在土温 15℃～20℃时繁殖较快，30℃以上生长受抑制。在苗床低温、遇阴雨或温暖多湿、播种过密、浇水过多等情况下产生孢子囊和游动孢子，从根部、茎基部侵染发病。

病菌主要通过风、雨和流水传播。

3. 防治方法

(1)药剂拌种　用相当于种子量0.3%的65%代森锌可湿性粉剂拌种，或进行苗床消毒。

(2)加强苗期管理　播种要均匀，有苗出土后逐渐覆土，避免低温、高湿条件出现。幼苗长到2～3片真叶时进行分苗，最好用育苗钵分苗，分苗后适当控水，并分次覆土。

(3)药剂防治　可使用代森锰锌可湿性粉剂500倍液、多菌灵可湿性粉剂500倍液喷雾；或者用70%敌磺钠可湿性粉剂1 000倍液，或75%百菌清可湿性粉剂1 000倍液，或50%福美双可湿性粉剂500倍液喷洒病苗周围土壤，以控制蔓延。苗床内施药后湿度增加，可撒少量干土或草木灰，以降低床土湿度。

(二)立枯病

1. 危害症状　发病初期，幼苗根部变黑或缢缩，潮湿时其上生灰白色霉状物；植株染病后，数天内即见叶萎蔫、干枯，继而造成整株死亡。定植后，该病一般停止扩展，但个别田仍继续死苗。此外，该病还可表现为猝倒状或叶球腐烂。

2. 发病规律　病原为立枯丝核菌。以菌丝体或菌核在土中越冬，且可在土中腐生2～3年，菌丝能直接侵入寄主，通过灌溉水、农具传播。病菌发育适温为24℃，最高温为40℃～42℃，最低温为13℃～15℃，适宜pH值为3～9.5。播种过密、间苗不及时、温度过高易诱发本病。

3. 防治方法　一是春季栽培宜选择生长前期对低温不大敏感的品种。二是适期播种，不宜过早或过迟。三是注意床土消毒。播种前，每平方米苗畦用50%多菌灵可湿性粉剂

8～10 克药与 30 千克细土混合均匀。播种前将苗畦一次浇透水，待水渗下去后，取 1/3 药土铺畦底；播种后，再把其余 2/3 药土覆盖在种子上，使种子夹在两层药土中间，保持畦面湿润。如果采用营养钵（袋）育苗，可按上述办法灵活掌握。四是加强苗床管理，避免高温高湿条件的出现。五是药剂防治，苗床出现病情后应立即剔除病苗，并及时喷药保护。可喷洒 10%噁霉灵可湿性粉剂 500 倍液或 70%敌磺钠可湿性粉剂 800 倍液，但敌磺钠易光解，要现用现配。常用的药剂还有 75%百菌清可湿性粉剂 600 倍液、75%代森锰锌可湿性粉剂 500 倍液、25%甲霜灵可湿性粉剂 800 倍液。

（三）病毒病

1. 危害症状 病毒病又叫孤丁病、抽疯病，各生育期均可发病。发病初期心叶出现叶脉色淡而呈半透明的明脉状，随即沿叶脉褪绿，成为淡绿与浓绿相间的花叶。叶片皱缩不平，有时叶脉上产生褐色的斑点或条斑。后期叶片变硬而脆，渐变黄。严重时病株矮化，停止生长。根系不发达，切面呈黄褐色。种株发病，花梗畸形，花叶、种荚瘦小，结籽少。

2. 发病规律 由多种病毒侵染引起。病毒有多种越冬方式，有的在种子、田间多年生杂草、病株残体上越冬，有的在种株上越冬，有的在保护地内越冬。翌年通过蚜虫、接触等传播。高温、干旱有利于蚜虫发生，也有利于病毒病发生流行。在重茬、邻作有发病作物、肥料不足、生长不良等情况下发病严重。在花椰菜 6～7 叶以前的幼苗期易染病，莲座期以后感病减少。不同品种的抗病力亦有明显差异。

3. 防治方法 一是选择抗病品种。二是适期播种，尽量避开阴雨天气。应适时晚播，使苗期躲避高温、干旱的季节。

三是合理安排茬口。十字花科蔬菜应避免连作或邻作，减少病毒源。四是苗期避蚜。应及时喷药防治蚜虫，避免蚜虫传播，尤其春季气温升高后，对采种株及春播十字花科蔬菜的蚜虫更要及早防治。五是加强田间管理。深耕细作，消灭杂草，及时拔除病苗。增施有机肥，配合磷、钾肥，促进植株健壮生长。加强水分管理，避免干旱。六是选留无病种株。秋冬收获时，严格挑选无病种株，减少病毒源和防止种子带毒。七是药剂防治。在发病初期喷洒20%盐酸吗啉胍·铜可湿性粉剂500倍液，或1.5%十二烷基硫酸钠乳剂1 000倍液，或混合脂肪酸100倍液，每隔10天喷1次，连喷2～3次。

（四）霜霉病

1. 危害症状 霜霉病俗称"烘病"、"跑马干"等，主要危害叶片，其次是茎、花梗、种荚。发病先从外叶开始，叶正面出现淡绿色至淡黄色的小斑点，扩大后呈黄褐色，由于受叶脉限制而成多角形斑。潮湿时，病斑背面产生白霉。严重时外叶大量枯死。种株发病，茎、花梗、花器、种荚上都长出白霉，并畸形。种荚淡黄色，出现黑褐色长圆条斑，细小弯曲，结实少。

2. 发病规律 该病为真菌病害。病菌随病株残体在土壤中越冬，也可在母株上越冬。翌年借风、雨传播侵染。在16℃～20℃时发病迅速，多雨、多露、日照不足时流行严重。在北方地区如遇气温偏高、雨水多或田间湿度大，昼夜温差大则病害很容易发生和流行。此外，连作、重茬、低洼地、通风不良、密度过大、营养不良、生长衰弱时发病严重。田间病毒病发生严重时，霜霉病也严重。不同品种间抗病性也有差异。

3. 防治方法 一是选用抗病品种。二是种子消毒。播种前用种子重量0.3%的50%福美双可湿性粉剂、或25%甲霜灵可湿性粉剂、或 75%百菌清可湿性粉剂拌种，消灭种子表面的病菌。三是加强田间管理。及时拔除病株，定植后合理灌溉和施肥，收获后及时清洁田园，进行秋季深耕，与十字花科的作物隔年轮作，邻作也忌十字花科作物。四是药剂防治。发病初期及时打药保护，特别是老叶背面应喷到。可用波尔多液的换代产品 12%去氢枞酸铜乳油 600～800 倍液喷雾。其他常用药剂有 75%百菌清可湿性粉剂 600 倍液，65%代森锌可湿性粉剂 500 倍液，40%三乙膦酸铝可湿性粉剂 1 200倍液，50%甲霜灵可湿性粉剂 1 500 倍液，58%瑞毒锰锌可湿性粉剂 500 倍液，80%蓝宝可湿性粉剂 500～700 倍液，80%代森锰锌可湿性粉剂 600～800 倍液，每隔 10 天喷 1 次。也可用杜邦霜脲·锰锌每 667 平方米 133～167 克对水 50～60 升，每隔 7 天喷 1 次。保护地最好用 45%百菌清烟剂熏烟，每次用药 200～250 克。

(五) 黑腐病

1. 危害症状 苗期发病，子叶形成水浸状病斑，逐渐蔓延到真叶，使真叶叶脉上出现小黑点或细黑条，此后叶缘出现由小到大的“V”形病斑。成株多从下部叶片开始发病，形成叶斑或黄脉，叶斑由叶缘向叶内成“V”形扩展，致大片组织坏死。病菌沿叶脉和叶柄扩展，蔓延到茎部和根部，形成网状脉，植株叶片成淡褐色干腐，最后枯死。湿度大时，病部产生黄褐色菌脓或油浸状湿腐。

2. 发病规律 细菌性病害。病菌在种子内或采种株上及土壤病残体内越冬，一般可存活 2～3 年，病菌生长发育适温为 25℃～30℃。病害多在春、秋 2 季发生，春季发病轻，秋季发病重。带菌种子是远距离传播的主要途径，生长期间则通过感病菜苗、肥料、风雨、灌溉水和农具等进行传播，从叶缘、气孔、水孔或伤口侵入寄主，沿维管束蔓延到茎部引起系统侵染。高温、高湿、连作、地势低洼、偏施氮肥、施未腐熟肥料等，发病重。

3. 防治方法 一是选用抗病品种，在无病区或无病株上留种。二是播种前可用温汤浸种法处理，即在 50℃温水中浸种 20 分钟后，立即在冷水中冷却，捞出晾干后播种。此法对质量较差的种子或陈种子应慎用。亦可采用药剂处理，即用相当于种子重量 0.4%的 50%福美双可湿性粉剂拌种，或用 50%代森铵水剂 200 倍液浸种 15 分钟，然后洗净，晾干播种，或用 72%农用链霉素可溶性粉剂 1 000 倍液浸种 2 小时。三是与非十字花科蔬菜(不包括菠菜)实行 2 年轮作，深翻土壤，施用腐熟后的农家肥，适期播种，高垄直播，合理灌溉，拔除病株，及时防治害虫。用 50%福美双可湿性粉剂 1.25 千克，或用 65%代森锌可湿性粉剂 0.5～0.75 千克，加细土 10～12 千克，沟施或穴施入播种行内，可消灭土中的病菌。四是在发病初期喷洒 1∶1∶200 波尔多液，或 72%农用链霉素可溶性粉剂或 90%新植霉素可溶性粉剂 200 毫克/千克，或 50%代森铵水剂 800 倍液，70%敌磺钠可湿性粉剂 500～1 000 倍液，50%福美双可湿性粉剂 500 倍液，14%络氨铜水剂 350 倍液，47%春雷氧氯铜可湿性粉剂 600～800 倍液，每隔 7～10 天喷 1 次，连喷 3～4 次。

(六) 黑斑病

1. 危害症状 又叫黑霉病，发病初期，多从外叶开始出现近圆形或不规则形水浸状病斑，灰褐色至黑褐色，中央常有较明显的同心轮纹，周围有黄色晕圈，病斑多时叶片枯黄致死。叶柄、花梗上病斑呈纵条纹，暗褐色。环境潮湿时，发病部位生有黑色霉状物。

2. 发病规律 真菌性病害。病菌以菌丝体和分生孢子覆在病株残体及种子表面越冬，翌年借风雨传播。发病适温为13℃～15℃，在低温、高湿的条件下易发生病害，早播、多雨、管理粗放、以十字花科为前茬也有利于病害的流行。不同品种间抗性有差异。

3. 防治方法 一是选用抗病品种，在无病区或无病株上留种。播种前用50℃温水浸种20分钟，捞出晾干后播种，或用相当于种子重量0.4%的50%福美双可湿性粉剂、75%百菌清可湿性粉剂、70%代森锰锌可湿性粉剂拌种。二是与非十字花科蔬菜实行2年以上轮作，深翻土壤，合理密植，利用高垄、高畦栽培，施足有机肥，增施磷、钾肥，适当晚播，及时清除病残体。三是在发病前或发病初期喷药。有效的杀菌药有70%代森锰锌可湿性粉剂500倍液，75%百菌清可湿性粉剂500～600倍液，50%腐霉利可湿性粉剂500倍液，40%克菌丹可湿性粉剂400倍液，6%农抗120水剂200倍液，80%代森锰锌可湿性粉剂600～800倍液，47%春雷氧氯铜可湿性粉剂600～800倍液，每隔7～10天喷1次，连喷3～4次。

（七）黑胫病

1. 危害症状 又称根朽病、干腐病。苗期受害后，子叶、真叶及幼茎上出现浅灰色不规则形病斑，病斑上散生很多小黑点。茎上病斑稍凹陷，边缘紫色，严重时主侧根全部腐朽死亡。成株和种株上受害，在较老的叶片上形成圆形或不规则形病斑，中央灰白色，边缘淡褐色至黄色，斑上生出许多黑色小粒。在贮藏期间可发生干腐症状。

2. 发病规律 真菌病害。病菌在种皮、种株或土壤中的病株残体上越冬，翌年侵入子叶或幼茎后，从患部产生分生孢子重复侵染。发病适温为24℃～25℃，高温多雨、潮湿时易发生此病。分生孢子主要借助雨水和灌溉水传播。

3. 防治方法 一是从无病株上采种，播种前用50℃温水浸种20分钟，进行种子消毒。二是无病土育苗，或进行床土消毒，每平方米用50%多菌灵可湿性粉剂8～10克，掺细干土1～1.5千克拌成药土，均匀撒在苗床上，然后播种。播种不可过密，浇水不可过多，保护地育苗时，气温不要超过23℃，及时分苗、定植，防止伤根，严格剔除病苗。采用高畦栽培或进行培土，雨后及时排水。三是在苗期或定植后发现少量病株时，可用代森铵、福美双、敌磺钠、多菌灵等可湿性粉剂500倍液喷洒，每隔5～7天喷1次，连喷2～3次，重点保护茎部和下部叶片。

二、花椰菜主要虫害及其防治

(一)蚜　虫

1. 为害症状 蚜虫又称蜜虫、腻虫。以成蚜和幼蚜在叶背吸食汁液，轻者形成褪色斑点，叶片发黄；重者叶面卷曲，皱缩变形。此外，蚜虫还传播病毒病。蚜虫繁殖的适宜温度为15℃～26℃，适宜空气相对湿度为75.8%以下。北方一般在春末至夏初及秋季为害较重。

2. 防治方法

(1)农业防治　及时清除杂草，清洁田园，利用黄皿或黄板诱蚜，田间悬挂黄色黏虫板或黄色板条(60厘米×40厘米)，其上涂上一层机油，30～40 块/667 米^2。或用银灰色塑料薄膜避蚜，都可收到较好的效果。

(2)药剂防治　可选用 20%杀灭菊酯乳油 3 000 倍液，或 2.5%溴氰菊酯乳油 3 000 倍液，或 50%抗蚜威可湿性粉剂 2 000 倍液，或 10%吡虫啉可湿性粉剂 2 000 倍液等进行喷雾防治，每隔 6～7 天喷 1 次，连喷 3 次。用药时可加入适量展着剂。大棚内发生蚜虫时，可每 100 平方米用 80%敌敌畏乳油 45～60 克掺适量锯末或草粉，点燃后放出大量烟雾进行熏杀。

(二)菜　蛾

1. 为害症状　菜蛾又称小青虫、吊丝鬼、两头尖等。老熟幼虫黄绿色，两头尖细，腹部大，呈纺锤形，幼虫潜入叶肉取食，二龄取食下表皮和叶肉，三龄可将叶片吃成孔洞。成虫活跃，遇惊扰即扭动、倒退或挂丝下落，一般发生在春季采种株上。

2. 防治方法

(1)农业防治　合理布局，避免连作，清除田间残株老叶，深翻土壤是压低夏季虫口密度，减轻秋花椰菜受害的有效措施。

(2)物理防治　利用小菜蛾成虫的趋光性，在菜田设置灯诱杀，每 667 平方米设 1 盏。

(3)生物防治　人工饲养并施放菜蛾绒茧蜂杀死害虫。可用每克含 100 亿个活孢子的苏云金杆菌制剂 500～1 000 倍液进行喷洒。

(4)药剂防治　喷洒 20%杀灭菊酯乳油 3 000 倍液，或 90%敌百虫晶体 800 倍液，或 50%辛硫磷乳油 1 000 倍液，或

2.5%氯氟氰菊酯乳油 3 000 倍液，或 40%乙酰甲胺磷乳油 1 000 倍液，或 25%喹硫磷乳油 600～800 倍液，或 25%灭幼脲悬浮剂 1 000 倍液，5%氟啶脲乳油 1 500 倍液，或 24%灭多威水剂 1 000 倍液等化学药剂喷雾防治。切忌单一种类的农药连续使用，以免害虫产生抗药性，影响防治效果。

(三)菜粉蝶

1. 为害症状 菜粉蝶的幼虫是菜青虫。菜青虫青绿色，背浅淡黄色，腹面绿白色，可分 5 龄：一至二龄菜青虫啃食叶肉，留下 1 层薄而透明的表皮，三龄以上食量明显增加，五龄为暴食期，把叶片吃成孔洞或缺刻，严重时吃光叶片，仅剩叶脉。菜青虫在 16℃～31℃，空气相对湿度为 68%～80%时，适宜其生长发育，为害重。

2. 防治方法

(1)农业防治 同菜蛾防治方法。

(2)药剂防治 最好在菜青虫二龄前用药，可喷施 50%辛硫磷乳油 1 000 倍液，或 20%杀灭菊酯乳油3 000倍液，或 20%溴氰菊酯乳油 3 000 倍液，或 2.5%氯氟氰菊酯乳油 3 000倍液，或 2.5%高效氟氯氰菊酯乳油 2 000 倍液，或 20%三唑磷乳油 700 倍液，或 25%喹硫磷乳油 800 倍液等。也可用生物农药 Bt 乳剂，每 667 平方米用每克 100 亿活孢子的 Bt 乳剂 200 克加水 500～1 000 倍喷雾防治。生物农药作用较缓慢，应提早喷施，气温在 20℃以上时效果好。

(四)菜 螟

1. 为害症状 菜螟又称剜心虫、钻心虫、甘蓝螟等。幼虫吐丝结网取食心叶，使幼苗生长停滞，严重时幼苗死亡。三龄幼虫还可从心叶向下钻蛀茎髓，形成隧道，甚至钻食根部，造成根部腐烂。

2. 防治方法

(1)农业防治

①清洁田园　收获后及时清除田间残株老叶，并深翻土地，消灭越冬蛹或非越冬蛹，减少田间虫口密度。

②调节播种期　根据当地情况调节播种期，使菜苗3～5片真叶期与菜螟的高峰期错开，减轻害虫为害。

③田间管理　及时浇水，提高田间湿度，可使幼虫大量死亡，减少虫口密度。

④人工防治　结合间苗、定苗及其他田间操作，拔除虫苗，摘除害虫，并将其消灭。

⑤避免连作　尽量避免与十字花科蔬菜连作，中断害虫的食物供给。

(2)药剂防治　菜螟是钻蛀性害虫，应在成虫盛发期和幼虫孵化期进行喷药防治。药剂同菜粉蝶。

(五)白粉虱

1. 为害症状　常以成虫和若虫密集叶背吸食汁液，并排出大量蜜露，污染叶片和果实，影响作物的光合作用，还可传播病毒病。在露地8～9月份为为害盛期。成虫喜欢群居于植株的幼嫩部，随着植株的生长，逐渐向上部叶片转移，以致在植株上各虫态自上而下分布成虫、卵、若虫、蛹。

2. 防治方法

(1)农业防治　及时清理残枝败叶及杂草，以减少虫源。温室在通风口处设置尼龙纱网，控制虫源传播。有的采用速冻法，效果甚佳，做法是在秋延后栽培的蔬菜收获后，于夜间气温在 0℃以下时突然大通风降温，冷冻 1 夜，基本都能将其冻死，如还有余虫则再冻 1 夜。

(2)生物防治　利用黄板诱杀，用 60 厘米×40 厘米长方形纸板，涂上黄漆，再涂上一层机油，挂在田间，每 667 平方米 30～40 块，当黄板黏满白粉虱时，再涂一层机油。有条件的地方，可以人工饲养释放草蛉、丽蚜小蜂和喷洒赤霉菌液控制白粉虱。

(3)药剂防治　喷药要及时周到，应在“点片”发生阶段进行。常用 10％噻嗪酮乳油 1 000 倍液，或 50％马拉硫磷乳油 1 000～2 000 倍液，每隔 1 周喷雾 1 次，连续防治 3～4 次。

(六)夜蛾类

1. 为害症状　夜蛾类(甜菜夜蛾、斜纹夜蛾、银纹夜蛾)主要以幼虫为害叶片，幼虫初孵即群集叶背取食叶肉，残留表皮，呈纱网状，二至三龄时将叶片咬成孔洞或缺刻；四龄后分散为害；五龄以前昼夜均可取食；六龄时仅夜间为害，白天潜伏在根际周围土中。叶片被害仅留叶脉及叶梗。较大的幼虫还可以蛀入叶球内危害，并排泄出大量粪便，引起叶球内腐烂，严重影响花椰菜的品质及产量。

2. 防治方法

(1)农业防治

①秋翻地　秋季深翻地，可杀死一部分越冬蛹，也可使一些越冬蛹翻至地面冻死或被鸟类吃掉。

②人工捕杀　结合田间作业，人工摘除带有卵块及带有低龄群集幼虫的“窗纱状”被害叶，消灭卵和幼虫。

(2)物理防治　在成虫发生期利用糖醋液或黑光灯诱杀成虫。

(3)生物防治　保护天敌，可抑制虫害的发生。在卵期可释放赤眼蜂，每100平方米释放2 000～3 000只，每隔5天释放1次，共2～3次，可消灭卵，亦可用杀螟杆菌制剂的300～500倍液喷雾。

(4)药剂防治　卵孵化盛期用5%氟啶脲乳油2 500～3 000倍液，或37.5%拉维因悬浮剂1 500倍液，或5%氟虫脲乳油4 000倍液，或20%灭幼脲悬浮剂500～1 000倍液，或50%杀螟丹可湿性粉剂1 000～1 500倍液，或40%菊杀乳油2 000～3 000倍液，使用上述农药之一，或交替使用，喷雾防治。或幼虫三龄前用52.25%毒死蜱+氯氰菊酯乳油1 000倍液喷雾，晴天傍晚用药，阴天可全天用药。

三、花椰菜病虫草害的无公害综合防治

(一)防治方法

1. 农业防治

一是选用抗病、适应性强的优良品种。冬春、早春栽培选用耐低温品种；夏秋、秋延后栽培选用耐热品种；针对当地主要病害，选择抗病或耐病的品种。

二是选用无病种子和进行种子消毒。从无病株采种，从无病地或轻病地留种。对种子进行消毒，如用温汤浸种、用药拌种、用EM液浸种等。花椰菜种子用50℃温水浸种20分钟可以预防黑腐病、黑斑病、黑胫病。

三是培育壮苗。根据栽培季节选用合适的育苗设施，苗床、苗土进行消毒，防治幼苗病虫害，采用塑料钵、营养方护根育苗，及早炼苗防止徒长。

四是合理轮作。轮作的首要作用是减轻蔬菜作物的病虫害，应做好安排，实行计划轮作，减少连作。花椰菜等蔬菜的轮作年限是2～3年，宜与茄果类、瓜类、豆类蔬菜轮作。

五是合理密植。植株密度小，产量下降，密度过大，通风透光差，并且株间湿度大，易感染病害。花椰菜不同种类，同一种类的不同品种，其栽培密度都是有区别的，所以要根据种类和品种特性，确定合理的栽植密度。

六是施用的农家肥要充分腐熟。没有腐熟的厩肥、人粪尿、堆肥等含有有害生物，应充分腐熟，杀灭有害生物后再用。

七是在保护地应用地膜下暗灌、滴灌等节水灌溉技术。这不但有利于提高冬春季节的地温，促进根系生长发育，而且能降低保护地内的空气湿度，减少了发病条件。

八是摘除虫卵块及初孵幼虫集中食害的叶片。

九是清洁田园。一季生产结束后，把病残株体焚烧或深埋掉，并翻地晒地，减少病原菌和害虫在土壤中积累。

十是人工除草防治草害。

2. 生物防治

(1)利用天敌防治　保护地悬挂丽蚜小蜂卵卡片，能减轻白粉虱的为害。释放赤眼蜂防治地老虎、甘蓝夜盗虫(甘蓝夜蛾幼虫)、菜青虫等。

(2)使用微生物制剂　用Bt乳剂、杀螟杆菌粉、青虫菌等防治菜青虫、小夜蛾、甘蓝夜蛾等。使用病毒制剂，如菜青虫颗粒体病毒制剂、小菜蛾颗粒体病毒制剂、黄地老虎颗粒体病毒制剂、甘蓝夜蛾核型多角体病毒剂、斜纹夜蛾核型多角体病毒剂、甜菜夜蛾核型多角体病毒剂、专治小菜蛾的生物病毒农药“环业2号”等。用农抗120、BO-10可防治霜霉病、黑斑病，用农用链霉素、新植霉素等防治软腐病、黑腐病、黑斑病，用井冈霉素防治猝倒病。

(3)性引诱剂的应用　日本产小菜蛾性干扰剂 Diamolea，通过干扰雌蛾的性信息素，阻碍交尾，致使产卵减少，降低子代虫口密度，持效期3个月。此外，还有台湾产甜菜夜蛾性引诱剂，持效期2个月，俄罗斯产甘蓝夜蛾性引诱剂 K-1、MB-2 等。

3. 物理防治

(1)设置防虫网　25目白色防虫网，育苗期和定植以后都可使用。

(2)物理诱杀或驱避　用黄色黏胶板诱杀白粉虱、蚜虫、斑潜蝇，夏秋季在育苗棚上、露地地面上铺放或在植株上方悬挂银灰色反光膜(条)，有一定的驱避蚜虫作用。用黑光灯、频振式杀虫灯诱杀蛾类、甲虫、直翅目等害虫的成虫，每盏灯可控制2～2.7公顷。

(3)糖醋诱杀　利用成虫对糖、醋、酒的趋性于成虫发生盛期在田间诱杀蛾类成虫，糖、醋、酒和水的比例为3∶4∶1∶2，另加少量敌百虫，夜间放在菜田1米高处诱杀。而诱杀地蛆成虫可用糖、醋、水按1∶1∶2.5比例再加少量木屑和敌百虫拌匀。

4. 化学防治　无公害蔬菜栽培禁止使用剧毒、高毒、高残留的农药，如甲拌磷(3911)、甲胺磷、呋喃丹、1605(对硫磷)、1059、氧化乐果、甲基对硫磷、久效磷、磷胺、杀螟威、杀虫脒、三硫磷、异丙磷、氯化苦和五氯酚钠等。

常用的有机磷类、氨基甲酸酯类、拟除虫菊酯类杀虫剂属于神经性毒剂，杀虫谱广，不仅对人、畜有害，对天敌也有害，并且害虫易产生抗药性，因而常常陷入用药量不断加大，害虫频繁再度猖獗的恶性循环之中。无公害蔬菜栽培应尽量避免使用这类杀虫剂。在虫口过高需要药剂救急时，应选用无毒或低毒，对昆虫具特异性作用的、化学结构式源于自然的新类型杀虫剂或强选择性药剂。

(1)抗生素类　如爱比菌素，又名阿维菌素、爱福丁、齐螨素，其原药的浓度有数种，其中1.8%乳油为中等毒性，2 000倍液也可防治菜青虫、小菜蛾、甜菜夜蛾、斜纹夜蛾、甘蓝夜蛾、菜蚜、黄条跳甲、斑潜蝇、叶螨等十字花科蔬菜害虫。浏阳霉素10%乳油1 500倍液可防治菜蚜和叶螨。

(2)植物源特异性杀虫剂　这类药剂国际上开发最为成功的是印楝素，2%印楝素乳油1 000～2 000倍液可用于防治小菜蛾、菜螟、菜青虫、甜菜夜蛾、斜纹夜蛾、黄条跳甲、猿叶虫、采叶蜂、斑潜蝇、白粉虱、叶螨等十字花科蔬菜的重要害虫，而对人、畜无害，对寄生蜂、草蛉、瓢虫等天敌无害。其作用机制是破坏和干扰害虫的内分泌系统，使其生理功能发生紊乱，从而导致害虫死亡。我国已开发出0.5%川楝素乳油，800～1 000倍液可用于防治菜青虫。

(3)昆虫生长调节剂　用于十字花科蔬菜害虫防治的主要是苯甲酰基脲类，又称几丁质合成抑制剂，该类药剂被害虫取食后，可抑制体内几丁质合成酶的活性，从而阻碍新表皮形成，使害虫的幼虫发生蜕皮困难而死亡。由于此药的作用机制不同于其他有机合成杀虫剂，因而对已产生抗药性的害虫也有良好的防治效果，并且对人、畜无毒，对天敌无害，不污染环境。商品制剂有除虫脲(敌灭灵)、灭幼脲、卡死克、氟啶脲、盖虫散等。近年来发现害虫对这类药剂也产生抗药性，因此不应连续单一使用，以延缓害虫产生抗药性的时间。

(4)高选择性药剂　如50%抗蚜威可湿性粉剂仅对菜蚜有效，而对其他害虫及其天敌无害。如在十字花科蔬菜上仅发生菜蚜，使用此药剂是最好的办法，有利于保护天敌和生态平衡。

此外，也可选用植物源杀虫物质，如 2.5%鱼藤酮乳油、0.5%藜芦碱醇溶液、0.36%苦参碱水剂、0.1%氧化苦参碱水剂、27%油酸烟碱乳油等，特别是 0.6%苦参碱内酯水剂对寒带、温带和热带的各种蔬菜和果树、粮棉作物、牧草、花草上的各种害虫均有理想的防治效果，被誉为“绿色农药”，现已打进日本市场。我国从美国引进的生物源杀虫剂 2.5%菜喜胶悬剂，对蛾类害虫防效也很好。

(二)注意事项

1. 正确使用农药的剂量　无公害蔬菜栽培允许限量使用高效、低毒、低残留的化学农药。这里的“量”包含两方面的含义：每种农药的限用次数和每次使用的浓度。我国农药安全使用标准中规定：40%乙酰甲胺磷乳油 1 000 倍液，最多使用 2 次；10%二氯苯醚菊酯乳油常用浓度为 1 000 倍液，最多使用 3 次；80%敌敌畏乳油常用浓度为 1 000～2 000 倍液，最多使用 5 次；40%乐果乳油常用浓度为 2 000 倍液，最多使用 6 次。要按农药使用说明书的要求，使用最低有效浓度，不能随意提高用药量。

2. 加强病虫测报，掌握病虫发生期　施药要适时，不施“保险药”，不盲目增加用药次数，做到有的放矢。病害防治抓住发病初期，害虫防治要抓住三龄前。

3. 掌握安全使用农药的间隔期　农药喷到蔬菜上以后，不管其稳定性有多强，都会在自然条件下以及在植物体内，通过一系列的物理、化学和生物作用后发生复杂的化学变化，最终会失去毒性。最后 1 次用药至蔬菜收获的天数就是保证上述变化过程得以完成的时间，我们把它称为农药安全施用的间隔期。安全期的长短，因农药种类不同而异。蔬菜常用杀虫剂中，安全间隔期 3 天的有乙酰甲胺磷；5 天的有二氯苯醚菊酯、氰戊菊酯和马拉硫磷；7 天的有乙酰甲胺磷和溴氰菊酯；10 天的有敌敌畏、辛硫磷、敌百虫；7～10 天的有抗蚜威；15 天的有喹硫磷、蚜虫光和乐果。蔬菜常用杀菌剂安全间隔期 5 天的有托布津；7 天的有百菌清、甲霜灵和三唑酮；10 天的有多菌灵；7～14 天的有杜邦霜脲·锰锌；15 天的有代森锌和代森锰锌。目前认为波尔多液没有安全间隔期。

第七章　花椰菜标准化生产的产品质量标准

随着我国农村经济发展进入新的时期，农产品质量安全问题已成为制约农业发展的一个重要问题。农药、兽药、饲料和添加剂、动植物激素等农资的使用，为农业生产和农产品增产发挥了积极的作用，同时也使农产品质量安全存在着隐患。农产品因农药残留、兽药残留和其他有毒有害物质超标造成的餐桌污染和引发的中毒事件时有发生，如“苏丹红”事件、“红心鸭蛋”事件等。农产品质量安全问题的存在，不仅是我国农业和农村经济结构调整的严重障碍，也直接影响到我国农产品的出口以及在国际市场竞争力，并且严重危害人民身体健康。建立健全农产品质量安全标准体系是做好农产品质量安全工作的前提，农产品质量安全标准体系的建立为农产品标准化生产提供了技术支撑和保障，切实保证农产品质量安全，保障人民身体健康，而且对于发展现代农业、促进结构调整、增强农产品市场竞争力和增加农民收入等也都具有重要意义。在食品安全越来越受重视的今天，农业标准化是农业发展的生死问题。没有标准化，农产品进不了国内、国际大市场。

一、花椰菜采收、包装和运输标准

（一）采收方法和标准

花椰菜标准化生产的产品采收标准参照 NY/T 962—

2006《花椰菜》、GB/T 20372—2006《花椰菜 冷藏和冷藏运输指南》、DB 34/T 500—2005《无公害花椰菜生产技术规程》、DB 11/T 198.3—2003《蔬菜种子生产技术操作规程第三部分花椰菜》、DB 11/T 199.4—2003《蔬菜品种真实性和纯度田间检验规程第四部分花椰菜》、SB/T 10161—1993《速冻花椰菜》、FFV—11《花椰菜技术规程》执行。

花椰菜自出现花球至采收的天数，因品种而异。早熟品种在气温比较高时，花球形成快，20 天左右便可采收。中晚熟品种在晚秋和冬季常需 1 个月左右才可采收，而春季收获的晚熟种则自现花球至采收需 20 天以上。

花椰菜的花球形成，个体间往往是不一致的，应分期采收。采收的标准是：花球充分长大，表面圆正洁白，边缘尚未散开者为佳。采收时从花球以下的几片叶片割下，这样可保护花球，又便于包装运输。

花椰菜适宜采收期较短，应在花球充分肥大、白嫩，尚未散开、变黄之前及时采收。采收过早影响产量，采收过晚影响质量。花椰菜采收前 2～3 天不可浇水，成花期要用叶片盖花，采收时花球下面要留 3～4 片嫩叶，以保护花球不受污染和损伤。为提高花椰菜的贮藏保鲜效果，采收前 1～2 天用 10～50 毫克/千克的 6-苄基氨基嘌呤溶液喷洒植株或喷 50 毫克/千克的 2,4-D。花椰菜的花球柔嫩，含水量较多，没有保护组织，因此要轻拿轻放，严防造成机械伤。采收后经严格挑选，剔除老化松散、色泽发暗变黄、有病虫害和机械损伤等不宜贮藏的花球。

(二)采后商品化处理

1. 整理 花椰菜采收后，要及时将从田间采收时带来的残枝败叶、泥土等清除，以减少贮藏中病害的传播源。如果把这些残枝败叶带到贮藏环境中去，这些已接近坏死的部分，遇到较高湿度等不利的环境，极易发霉腐烂。

2. 分级 适宜贮藏的花球标准是：花球直径为15厘米左右，重量在0.5～0.8千克的中等花球，花球致密、洁白、无虫害、无病害、无损伤、无污染。操作人员应戴手套，在挑选时，要轻拿轻放，以免造成机械损伤。

3. 清洗 清洗的目的主要是为了除去黏附着的污泥，减少病菌和农药残留，提高商品价值。清洗使用的洗涤水一定要干净卫生，可加入适量的杀菌剂，如次氯酸钠。入贮前必须除去游离水分，防止贮藏中使花球霉烂。

4. 预冷 采收后的花椰菜，在贮运、加工前应迅速除去田间热，及时将其温度快速冷却到规定的温度的过程称为预冷。通过预冷降低呼吸强度，减少产生的呼吸热，从而减少采后损失。目前普遍采用冷库预冷，也可采用自然降温预冷，但此法受当时的外界温度制约，效果较差。

5. 防腐 在清洗过程中，只能除去表面的污染物，容易影响贮藏的时间和质量。为了比较彻底的杀菌，采后可用0.2%～0.3%的多菌灵溶液等喷洒或用仲丁胺熏蒸杀菌，以防止贮藏过程中花球的表面生霉。同时，由于保护叶在贮藏中容易老化或脱落而腐烂，影响贮藏质量。因此，可在贮藏前用50毫克/千克2,4-D溶液蘸根，然后在阴凉处晾半天，使外叶水分适当蒸发变软，方可装箱。在入贮前必须保证花球无游离水分，而且贮藏库也要事先进行消毒。除此之外，在贮藏期间可在贮藏室内放置适量的高锰酸钾来吸收乙烯，以减少花椰菜的衰老，有利于延长贮藏时间。

(三)产品质量规定

1. 基本要求 根据对每个级别的特殊规定和允许误差，花椰菜必须符合下列条件：一是外观新鲜，无萎蔫，苞叶未脱落或枯黄，质地脆嫩。二是完好，不包括腐烂或变质的产品。三是整修完好。四是无多叶花蕾。五是无异常的外来水分。六是无异味。七是无腐烂。八是无病虫害造成的损伤，无害虫。九是无冻害。

2. 分级 在符合基本要求的前提下，花椰菜分为以下3个等级，各等级应符合表7-1中的规定。

表7-1 花椰菜分级标准

项目	等级		
	特级	一级	二级
品种	同一品种		同一品种或相似品种
紧实度	各小花球肉质花茎短缩，花球紧实	各小花球肉质花茎短缩，花球尚紧实	各小花球肉质花茎略伸长，花球紧实度稍差
色泽	洁白色	乳白色	黄白色
形状	具有本品种应有的形状		基本具有本品种应有的形状
清洁	花球表面无污染		花球表面有少许污物
机械伤	无	伤害不明显	伤害不严重
散花	无	无	可有轻度散花
绒毛	无	有轻微绒毛	

(1)特级　该级的花椰菜必须品质极优,具有该品种的形状、发育和颜色特征。

花椰菜的花球必须:一是形状良好、坚实、紧凑。二是质地十分紧密。三是颜色必须为统一的白色或轻微的乳白色。

花椰菜必须没有缺陷,只要不影响该产品的整体外观、品质、耐贮性和包装外观,轻微的表面缺陷可除外。此外,如果花椰菜“带叶”出售或“整理后”出售,叶片必须新鲜。

(2)一级　该级的花椰菜必须品质优良,具有该品种特性。

花椰菜的花球必须:一是坚实。二是质地紧密。三是颜色必须为白色或象牙色或乳白色。四是没有诸如污点、花球中突出的小叶片、冻霜点、擦伤等缺陷。

只要不影响花椰菜的整体外观、品质、耐贮性和包装外观,允许花椰菜的花球有以下轻微的缺陷:一是形状或发育上有轻微的缺陷。二是颜色上有轻微的缺陷。三是非常轻微的“毛球”。

此外,如果花椰菜“带叶”出售或“整理后”出售,叶片必须新鲜。

(3)二级　该级包括不符合以上等级标准的花椰菜,但是满足以上规定的最低要求。

花椰菜花球可以为:一是轻微变形。二是质地稍有一些疏松。三是色泽偏黄色。

花椰菜可以带有:一是轻微的日晒烧伤痕迹。二是不超过5个突出的淡绿色叶片。三是轻微“毛球”(但是并不湿或阴湿)。

只要花椰菜花球在品质、耐贮性和包装外观上保持它们的本质特征,花椰菜可以带有以下缺陷中的任意2个缺陷:一是害虫和病虫害引起的轻微损伤。二是由于霜冻而引起的轻微表面损伤。三是轻微擦伤。

3. 规格 按花球大小分为特大花球、大花球、中花球和小花球4种规格。花椰菜的规格应符合表7-2的规定。各级不符合规格要求的按质量计不超过10%。卫生指标应符合表7-3的规定。

表7-2 花椰菜的规格

	特大花球	大花球	中花球	小花球
单球质量(克)	>1500	1000～1500	500～1000	<500

表7-3 花椰菜的卫生指标 (单位:毫克/千克)

序 号	项 目	指 标
1	六六六(BHC)	≤0.2
2	滴滴滴(DDT)	≤0.1
3	乐果(dimethoate)	≤1
4	乙酰甲胺磷(aoephate)	≤0.2
5	敌百虫(trichloron)	≤0.1
6	毒死蜱(chlorpyrifos)	≤1
7	溴氰菊酯(deltamethrin)	≤0.2
8	氯氟氰菊酯(cyhalothrin)	≤0.5
9	灭多威(methomyl)	≤2
10	百菌清(chlorothalonil)	≤1
11	铅(以Pb计)	≤0.1
12	镉(以Cd计)	≤0.05
13	氟(以F计)	≤1

注:其他有毒有害物质的指标应符合国家有关法律、法规、行政规范和强制性标准的规定

4. 大小规定 花椰菜的大小由每一个花椰菜的横切面最大直径来确定。最小直径固定在11厘米，每个包装中，最小的花椰菜头部与最大的花椰菜头部的差异不得超过4厘米。花椰菜的大小规定不适用于小花球型产品。

（四）包装和外观规定

用于同规格花椰菜包装的容器（箱、筐等）应大小一致、整洁、干燥、牢固、透气、美观、内壁光滑；无污染、无异味、无虫蛀、无霉烂和霉变现象。塑料箱应符合GB/T 8868中的有关规定。产品应按等级、规格分别包装，同一包装内的产品需摆放整齐。每一批次花椰菜其包装规格、单位净含量应一致。每件包装的净含量或数量应一致，不应低于包装外标志的净含量或数量。确定所抽取样品的规格，并检查与包装外所示的规格是否一致。

1. 一致性 每一个包装花椰菜必须在同一个地点生产、商品类型及大小相同，均匀一致。此外，每个"特级"花椰菜的包装必须在颜色上满足规定要求。包装内花椰菜的可视部分必须具有整批包装产品的代表性。微型花椰菜大小必须一致。它们可以与其他不同类型和产地的微型花椰菜进行混合出售。

2. 包装 用能适当保护花椰菜的方式包装。包装内部使用的材料必须是新的、清洁的和高质量的，能够保护花椰菜免受内外损伤。材料的使用，特别是说明书和标签，其印刷和标签的粘贴必须使用无毒墨水或胶水。包装内必须不含任何杂物。

3. 外观 花椰菜按以下方式呈现：

(1)"带叶"花椰菜 带有健康绿色叶片的花椰菜，叶片数量和长度足以保护整个花椰菜花球，茎必须在保护叶下方削掉。

(2)“不带叶”花椰菜　除掉所有叶片和茎部不可食用部分，最多只能有 5 个未经整理并紧贴花球的淡绿色嫩小叶片。

(3)“经处理的”花椰菜　带有足够数量叶片保护花球，这些叶片必须健壮、绿色，最多花球上方不超过 3 厘米，这些叶片以下的茎应轻轻削掉。

(五)运输和贮存

花椰菜收获后应就地整修，及时包装、运输。运输时做到轻装、轻卸，严防机械损伤。运输工具应清洁、卫生、无污染。采收后尽快强制预冷或放到阴凉处。运输的适宜温度为 0℃～3℃，空气相对湿度为 90%～95%。运输过程中注意防冻、防雨淋和通风散热。

贮运时应按品种、等级、规格分别存放。装箱(筐)时花球应朝上；用聚乙烯薄膜冷藏时花球应朝下，以免袋内产生的凝结水滴在花球上造成霉烂。贮存库应有通风放气装置，保证温度和空气相对湿度的稳定、均匀。贮存温度为 0℃～3℃，贮存空气相对湿度为 90%～95%。

二、花椰菜的贮藏和加工标准

(一)贮藏方法

花椰菜在收获后，呼吸作用成为新陈代谢的主要方面。植物的呼吸有 2 种方式，即有氧呼吸和无氧呼吸。有氧呼吸是主要的呼吸方式，从空气中吸收分子态氧，呼吸底物最终被氧化成水和二氧化碳。无氧呼吸不需从空气中吸收氧,释放的能量少,为获得同等数量的能量,要消耗远比有氧呼吸多的呼吸底物,其最终产物为乙醛和乙醇等对细胞有毒的物质,因而在贮藏过程中要尽量减少无氧呼吸。花椰菜品种不同,耐贮性也不同。据中国农业科学院蔬菜花卉研究所试验,贮藏用的品种春季可选用法国菜花、瑞士雪球,秋季宜选用荷兰雪球、白峰等品种。关于成熟度,用于贮藏的花椰菜不能过熟,应在花球基部的花枝未松散前采收,贮藏温度尽可能低且稳定,花椰菜适宜的贮藏温度是0℃～2℃。贮藏环境的空气成分氧气占3%～4%,二氧化碳不超过5%。贮藏的菜花要求无病虫害、无机械损伤。

为提高花椰菜的贮藏保鲜效果,在采收前用50毫克/千克的2,4-D或10～50毫克/千克的6-苄基氨基嘌呤溶液浸蘸花球的根部,以防止外叶黄化和脱落。向花球喷洒含量为0.3%的苯菌灵、多菌灵或托布津药液,可减轻贮存期腐烂。经过处理的花椰菜放在通风阴凉处预贮1～2天,预贮期间要防止风吹日晒雨淋。待叶片失水变软时,再将叶片拢盖花球,用稻草或塑料绳稍加捆扎,即可进行贮藏。

1. 假植贮藏法　此法是将花椰菜密集假植在地沟内或窖内,使其处于微弱的生长状态,保持正常的新陈代谢活动,是一种抑制生长的贮藏法。在土壤结冻之前挖一长方形沟,长宽依花椰菜的数量而定,一般每条沟假植4 000千克。采收时将花椰菜连根拔起,带土在露地堆放2～3天,使外叶中的水分减少一些,至外叶开始萎蔫时进行假植。将花椰菜一棵紧靠一棵地栽在沟内,然后向沟内浇水,浇水量以水能渗入土层10厘米为度,再在植株顶上覆盖花椰菜外叶,过7～8天覆土,土厚10厘米左右。大雪节气前后第二次覆土,增加土层厚 12～14 厘米。冬至时进行最后 1 次覆土，土层再加厚 5～6 厘米。3 次共覆土厚约 30 厘米。覆土时要力求均匀，盖得太厚，花椰菜会发热引起腐烂，盖得太薄，又会受冻。采用这种方法花椰菜可贮存 3 个月以上，能将晚熟花椰菜贮存到春节上市。此法只适用于冬季不很寒冷的地区，严寒地区应在保护地设施内假植贮藏。

2. 窖藏法 是利用自然调温的办法来尽量维持花椰菜所要求的贮藏温度。贮藏窖多用棚窖，建造时先在地面挖 1 个坑，窖顶铺设木料、秸秆，并盖土，开设 1～2 个窖口（天窗），供出入和通风之用。根据窖的深浅可分为地下式和半地下式。寒冷地区采用地下窖，较温暖或地下水位较高地区采用半地下窖。地下式挖土深达 2.5～3 米，半地下式挖土深 1～1.5 米，地上部土墙高 1～1.5 米。

贮藏窖可用于晚熟春花椰菜夏季贮藏，也可用于秋花椰菜冬季贮藏。贮藏花椰菜可在窖内堆成塔形垛，宽约 2 米，高 1 米左右，垛间留出通风道。此法的缺点是贮量少。最好采取架贮，各层架相距 75～100 厘米，架上铺放木板，木板间留有缝隙，每层架上堆放 3～6 层花椰菜，并空出 20 厘米高的空间通风。要加强通风管理，白天关闭窖门，夜间敞开窖门使窖内温度尽可能低一些。夏季窖藏一般可贮存花椰菜 15～20 天。冬季窖藏其温度管理大致分为 3 个阶段：第一阶段为入窖初期，此时窖内温度较高，湿度较大，应加强通风换气，以降低窖内的温湿度。每隔 4～5 天要倒 1 次菜，帮助散发菜堆内的热量，防止脱帮和腐烂。第二阶段是进入寒冷季节以后，气温、窖温都显著下降，此时应减少通风，以保温为主，防止发生冻害，20 天左右倒 1 次菜。第三阶段是立春以后，气温、窖温又逐渐回升，此时要尽量减缓窖温回升的速度，在白天封闭气孔、天窗，防止外界热空气进入，夜间打开，放入冷空气，同时要增加倒菜次数，避免花椰菜发热腐烂。其贮藏适温为0℃±1℃，适宜空气相对湿度为85%～90%。冬季窖藏花椰菜可达2～3个月之久。

3. 气调贮藏法 气调贮藏的操作管理主要是封闭和调气2个方面。调气是创造并保持花椰菜贮藏所要求的气体成分组成比例。封闭是隔绝外界空气，防止其进入气调设施内，以免干扰已调好的空气成分比例。气调贮藏的缺点是贮藏库的建造和设备复杂，成本高。现多采用塑料薄膜帐气调贮藏法。该方法可在常温贮存窖或库内进行，用塑料薄膜做成帐子，将花椰菜存放在帐内，向帐内通入普通氮气，以降低帐内氧气含量的比例，并在帐内放消石灰吸收二氧化碳，用抽气泵或低压风机排换帐里的气体，每隔2天用气体分析仪测定帐内的氧和二氧化碳的含量，将其调至所要求的范围。花椰菜的气调贮藏温度以3℃～8℃为宜，氧分压控制在2%～5%，二氧化碳在0%～6%比较适宜。在此条件下花椰菜可贮存3～4个月。

4. 自然降氧气调法 与气调贮藏法相似，所不同的是不用充氮气而是采用密闭自然降氧，在菜垛的顶部放高锰酸钾载体（拇指大小的泡沫砖碎块用高锰酸钾溶液浸透，晾干，用量为菜量的1/20），以吸收花椰菜释放的乙烯，使叶片保持绿色。帐内空气中二氧化碳浓度不宜超过5%，氧气含量保持在1%～2%。注意帐内保持恒温，尽量不使帐内出现凝结水。

5. 纱布围藏法 把经过挑选的花球根朝下、顶朝上分层堆放在架子上，然后把经过40%甲醛300倍液消毒的白纱布或白布覆盖在贮藏架四周，就可达到贮藏要求。纱布应每天或隔天消毒1次，即用消毒液浸泡5分钟后沥干到不滴水为标准。此法既可以增湿，减少花球水分蒸发，又能防止病菌侵入，减少花球腐烂变质。

6. 挂藏法 把花椰菜连根拔起，适当留一些外叶，沿着花球叶梢处，用稻草围好扎紧，倒挂在平房屋檐下即可。要防止阳光直射，此法适合少量贮藏。

7. 保鲜膜单花球套袋贮藏法 花椰菜在贮藏前，用三乙膦酸铝等药物做熏蒸处理，即每10千克花椰菜用1～2毫升药剂。具体做法是将选好的花椰菜放入密闭容器中，用碗、碟等盛一定量的药剂或用棉球、布条等蘸取药液放在菜筐空隙处，密闭熏蒸24小时，熏蒸处理后的花椰菜，每个花球单独装入1个大小合适的保鲜袋，折口，放入筐或箱中，在0℃～2℃条件下贮藏。贮藏温度不能低于0℃或长期高于5℃。最后用通风库或冷库贮藏。

8. 控温贮藏法(机械冷藏) 控温贮藏法是在冷藏库中利用机械制冷系统的作用，将库内的热量传送到库外，使库内的温度降低并控制在适宜的水平，以延长花椰菜的贮藏期。此法的优点是不受外界气温的影响，可以常年维持库内所需要的低温；冷库内的温度、空气相对湿度以及空气的流通都可以调节，使之适于贮藏花椰菜的要求。其缺点是费用较高。使用控温贮藏，将贮存温度控制在0℃～2℃，可较长时间地对外供应花椰菜。蔬菜出口主要是采用控温贮藏法进行贮藏保鲜。

(二)加工方法

1. 保鲜花椰菜 保鲜花椰菜生产工艺流程如下：

原料收购→运输→剥皮→整理→分级→包装→计量→入库

(1)原料收购　原料收购标准是：具有品种固有的形状，品质新鲜，色泽洁白或乳白色；无腐败、无变质、无病虫害、无机械伤（允许有轻微机械伤）；花形周整，花蕾细密洁白，蕾枝白色粗短，有明显光泽；口感脆嫩，无粗纤维感；球体端正，结球紧实，无裂球、无冻伤、无伤残、无裂口、无病虫害；外叶适当切除。单花球重0.5千克以上。到菜田收购时，可先用包装纸包住球体，而后留7～8片叶护住花球。

(2)运输　要单个球体轻拿轻放，放于塑料周转箱中，长途运输前应进行预冷。运输过程中适宜的温度为1℃～4℃，空气相对湿度为85%～90%。在运输过程中，注意防冻，防雨淋，防晒，通风散热。

(3)剥皮　剥去花球外部散叶、老叶和黄叶，一并将外部附着的泥土、草秸等去掉。

(4)整理　保留根基约1厘米，切掉多余根部，并将根部泥土等擦净。每个花椰菜留5～6片叶，用刀将多余叶片切去，留叶的基部8～10厘米。

(5)分级　按照花椰菜花球直径分为以下等级，S级花球直径9～11厘米；M级花球直径11～13厘米；L级花球直径13～15厘米；2L级花球直径15～17厘米。也有的客商采用如下分级，S级花球直径8.5～10.5厘米；M级花球直径10.5～12.5厘米；L级花球直径12.5～14.5厘米；2L级花球直径14.5～16.5厘米。

(6)包装　将用包装纸包好的单个花椰菜平放于出口包装中。目前出口花椰菜的包装有两种：①标准纸箱长（内径）500毫米，宽（内径）350毫米，高（内径）170毫米。纸箱应该整洁、干燥、牢固、透气、美观、无污染、无异味、内壁无尖凸物、无虫蛀、无腐烂、无霉变、无受潮、离层现象。②用柳条筐装的，每筐净重25千克。

(7)计量　用电子秤进行计量。

(8)入库　贮存时应按品种、规格分别贮存。贮存温度应保持在1℃～4℃，空气相对湿度保持在90%～95%。库内堆码应保证气流均匀流通。

2. 脱水花椰菜　脱水花椰菜的加工工艺流程如下：

选料→整理和清洗→烫漂护色→脱水→成品挑选→包装

(1)选料　供脱水加工的花椰菜花球要大，直径不小于9厘米；结构紧密、坚实、肉色洁白而鲜嫩；花球厚，花枝短，球面无茸毛及粉质。原料进厂后应堆放在阴凉处，注意防止重压而引起碰伤、压坏。堆放时间不得超过1天。

(2)整理和清洗　首先除去花球外叶和基部，而后将花球切分成一个个小花球。要求小花球大小基本均匀，直径为1厘米左右，带柄1.5厘米。老嫩大小要分开。

(3)烫漂护色　将小花球放入20毫克/升的柠檬酸溶液中浸15分钟，液温25℃～40℃，浸后沥干，再放入沸水(清水)中烫漂3～4分钟，取出迅速入冷水中冷却，以冷透为度。冷却后的花椰菜于20毫克/升的柠檬酸溶液中浸2分钟。

(4)脱水　将处理后的花椰菜均匀地摊入烘筛中，立即入烘房。烘房温度保持在55℃～60℃，经7～8小时，烘到产品含水量为6%时出烘房，挑出潮片复烘。

(5)成品挑选　挑出花椰菜中的杂质及变色的花椰菜干，操作要快，挑选结束后尽快包装，以防止吸潮。

(6)包装　采用听装包装，成品含水量不得超过7.5%，每听装10千克，箱内衬牛皮纸，一箱装2听，装好后用焊锡密封，不得有漏气。听外涂上防锈油，然后装入纸板箱。产品呈黄白色或青白色。

3. 速冻花椰菜 速冻花椰菜的加工工艺流程如下：

选料→切分→清洗→漂烫→速冻→包装

(1)选料 收购原料要求花球洁白、大花、品质新鲜；无病虫害、无腐败、无变质；无机械伤或允许有轻微机械伤；花形周整，花蕾细密洁白，蕾枝白色粗短，有明显光泽；口感脆嫩，无粗纤维感；球体端正，结球紧实，无裂球、无冻伤、无伤残、无裂口。

(2)切分 加工时，首先将花球洗净，先切去外叶和叶柄，再切分成适当大小的块(块的大小按客商要求确定)。

(3)清洗 将切分好的花块进行清洗，重点洗去花块所沾的泥土、沙砾、异物等，冲洗 2～3 次。

(4)漂烫 清洗干净后，放入 100℃沸水中漂烫 1～2 分钟。为了防止花椰菜变色，一般用蒸汽漂烫代替热水漂烫。蒸汽漂烫一般需 4～5 分钟。为了保持花球的洁白颜色，可在热水中加入 0.1%的柠檬酸。

(5)速冻 将花块从热水中捞出，快速冷却至 10℃以下，于振动沥水机上沥水，将花椰菜放进－30℃以下的速冻装置进行冻结。

(6)包装 至中心温度达－18℃以下时即可包装、冻藏。包装规格按客商要求确定，有的客商要求盛装 20 千克/箱，装箱完毕，通过金属检测仪检定。

三、花椰菜的出口质量标准

(一)出口花椰菜原料收购标准

具有花椰菜品种固有的形状，品质新鲜，色泽洁白或乳白；无腐败、无变质、无病虫害、无机械伤或轻微；花形周整，花蕾细密洁白，蕾枝白色粗短，有明显光泽；口感脆嫩，无粗纤维感；球体端正，结球紧实，无裂球、无冻伤、无伤残、无裂口、无病虫害；外叶适当切除。单花球重 0.5 千克以上。到菜田收购时，可先用包装纸包住球体，而后留 7～8 片叶护住花球。

(二)花椰菜产品出口标准

1. 保鲜花椰菜出口标准 具有品种固有的形状，色泽洁白或乳白，脆嫩；花球紧实，握之有重量感。无茸毛、无腐败、无变质、无病虫害、无机械伤(允许有轻微机械伤)；花形周整，花蕾细密洁白，蕾枝白色粗短。外叶适当切除。

2. 脱水花椰菜出口标准 产品质量色泽黄白色或青白色，色香味正。无杂质(杂质中较多的是石粒、沙砾、毛发、金属、木片、柴草、昆虫、塑料、纸片等)、无煳片、无变色、无变质、无潮片，含水量在 6%。

3. 速冻花椰菜出口标准 花球块色泽洁白，无褐变，色泽一致。口感脆嫩，有花椰菜特有的香味。无散球现象、无病虫害、无机械伤或轻微。块粒大小均匀，破碎粒不得超过 3%。

(三)规格标准

出口日本的保鲜花椰菜的规格划分是按照花椰菜的大小、标准盛装容器中花椰菜个数以及基准标准来划分：S 级花球直径 9～11 厘米，每个标准纸箱装 12 个；M 级花球直径 11～13 厘米，每个标准纸箱装 10 个；L 级花球直径 13～15 厘米，每个标准纸箱装 8 个；2L 级花球直径 15～17 厘米，每个标准纸箱装 6 个。

也有的客商按照如下标准分级：S 级花球直径 8.5～10.5

厘米，每个标准纸箱装 12 个；M 级花球直径 10.5～12.5 厘米，每个标准纸箱装 10 个；L 级花球直径 12.5～14.5 厘米，每个标准纸箱装 8 个；2L 级花球直径 14.5～16.5 厘米，每个标准纸箱装 6 个。